TMMi精华

——目标驱动的测试过程改进

[荷兰] 埃里克 · 范 · 温尼戴尔（Erik Van Veenedaal）
简 · 雅普 · 肯尼吉特（Jan Jaap Cannegieter） 著

任亮 商超博 施彦臣 译

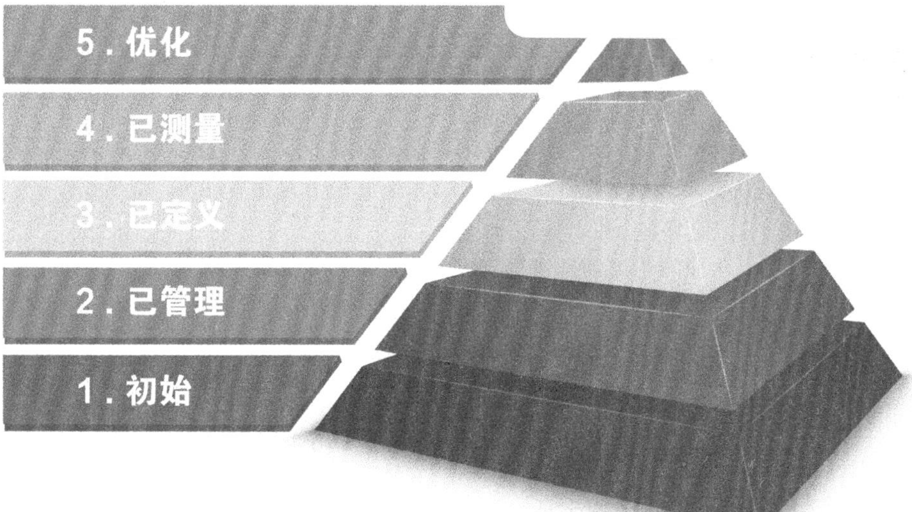

人 民 邮 电 出 版 社
北 京

图书在版编目（CIP）数据

TMMi精华 ： 目标驱动的测试过程改进 / （荷）埃里克·范·温尼戴尔，（荷）简·雅普·肯尼吉特著 ； 任亮，商超博，施彦臣译. -- 北京 ： 人民邮电出版社，2018.5（2022.1重印）
ISBN 978-7-115-47963-1

Ⅰ. ①T… Ⅱ. ①埃… ②简… ③任… ④商… ⑤施… Ⅲ. ①软件工程 Ⅳ. ①TP311.5

中国版本图书馆CIP数据核字(2018)第053855号

版权声明

◆ 著 [荷兰] 埃里克·范·温尼戴尔（Erik Van Veenedaal）
[荷兰]简·雅普·肯尼吉特（Jan Jaap Cannegieter）
译 任 亮 商超博 施彦臣
责任编辑 陈冀康
责任印制 焦志炜
◆ 人民邮电出版社出版发行 北京市丰台区成寿寺路 11 号
邮编 100164 电子邮件 315@ptpress.com.cn
网址 http://www.ptpress.com.cn
北京天宇星印刷厂印刷
◆ 开本：720×960 1/16
印张：11.25 2018 年 5 月第 1 版
字数：110 千字 2022 年 1 月北京第 4 次印刷
著作权合同登记号 图字：01-2017-5041 号

定价：69.00 元

读者服务热线：(010)81055410 印装质量热线：(010)81055316
反盗版热线：(010)81055315
广告经营许可证：京东市监广登字 20170147 号

内容提要

测试成熟度模型集成（TMMi）是国际非营利性组织 TMMi 基金会开发和维护的一个测试成熟度模型。使用 TMMi，组织可以通过有资质的评估师来客观地评估和改进他们的测试过程。

TMMi 当前在国内逐渐得到认可和普及。本书并不包含 TMMi 的详细完整的描述，而是对模型的精华部分进行概要的描述。本书还涉及 TMMi 评估方法和 TMMi 实施的部分实践，以及一系列附录，如 TMMi 与 CMMI 的关系、术语表等；此外，读者可以通过扫描书中的二维码或 AR 触发图片，观看本书作者、译者、评估师及 TMMi 使用者的相关视频。

本书适合所有与测试及测试过程改进相关的人员进行阅读，如测试管理人员、测试工程师、测试顾问、软件质量保障人员及测试过程改进小组成员，还可以成为希望通过 TMMi 职业考试人员的参考书籍。

中文版序 1

欣闻《TMMi 精华——目标驱动的测试过程改进》一书即将出版，这是继 2014 年出版《测试成熟度模型集成（测试过程改进指南）》后的又一重要进展，至此，两本有关 TMMi 的重要专著均有了中文版，这对中国软件工作者来说无疑是一个极大的利好消息。我这里首先要感谢 CSTQB®本地化工作组专家的辛勤劳动和卓有成效的贡献，他们在推进中国软件过程改进方面的努力和进展可以说是有目共睹的。

在软件定义和改变世界的今天，如何保证软件质量已成为一项严肃的历史性课题和挑战，而软件测试乃是最关键的一环。软件能力成熟度模型集成（CMMI）的提出，对推动软件过程改进发挥了很好的作用。但也正如一些专家所指出的，对软件测试过程改进，CMMI 存在明显的支持不足，而 TMMi 正好解决了这一问题，与 CMMI 构成相辅相成的有效配对。

TMMi 测试成熟度模型集成是由非营利性组织 TMMi 基金会提出的，它相较于其他软件测试改进模型的特点是，其非商业化和高度独立性的优势，与国际标准（包括 ISTQB）的一致性，能支持面向业务目标的测试过程改进，并且与 CMMI 具有相容匹配性，因此为产业界广泛接受认可，成为一个事实标准，这也是我在这里极积推荐的一个重要原因。

本书是对这一模型的概要描述，它能适合更广泛人群的应用需要，方便掌握方法的实质，为企业提供改进软件测试过程的实践支持，帮助促进软件测试专业人员的成长，更好地参与对测试过程的自觉评估与改进，从缺陷发现提升到缺陷预防，实现更主动的质量保障。此外，本书也有专门章节详细讨论 TMMi 与 CMMI 的关系。

对于学习软件成熟度模型，无论是 CMMI 还是 TMMi，我们的关注重点不应仅停留和满足于成熟度的考级上，而应真正掌握方法的实质，不断研究和发现实践中存在的问题，实现持续改进，从而保证持久和旺盛的软件开发竞争力，这才是走向成熟的表现。不进则退，即使您所在的企业曾经是通过 CMMI 5 级的企业，也并不意味着一劳永逸。过程改进永无止境，对 TMMi 也是如此，让我们共勉之。

居德华教授

中文版序 2

TMI 004

中国当前正处在一个高速发展的阶段。大数据、人工智能、互联网和移动互联网技术的突飞猛进，催生和加速了无人驾驶汽车、智能家居、智能城市、先进的工业制造、机器人等应用，这些都离不开软件。另一方面，软件的规模不断扩大，复杂程度也在迅速增加，软件质量的保障和软件质量的提高也越来越艰难。我们都知道，软件测试是软件质量保障的有效手段和措施，而在测试成熟度模型集成（TMMi）中的测试是一种更广义的定义，它包含所有与软件产品质量相关的活动。实践经验表明，TMMi 支持一个更有效和高效的测试过程。如果说在开发测试过程中的主要目的是发现缺陷，那么 TMMi 则从缺陷发现变为缺陷预防，这也是 ISTQB®所定义的一个重要测试目的。

就像我们在一个陌生的地方，急需借助一张地图，以了解“我在哪”“我要去哪”，并规划“如何到达期望的目的地”。在向目标前行的过程中，我们还要不断对比地图，查看是否走偏了，并不断修正路线，朝着目标不断前进，最终到达目的地。同样，TMMi 能告诉我们目前需要改进的组织所处的位置（当前的成熟度级别），然后确定要到达的目标（改进后期望的成熟度级别），并计划如何达到想要的目的，即第一步如何走、第二步如何走等。在测试过程改进中，TMMi 提供了一个参考模型的完整框架，让过程改进沿着正确的、高效的方向进行，最终到达期望的目标。

本书将为中国的软件质量保障和质量提高发挥重要的作用，同时对 TMMi 在中国的应用和实践也有非凡的贡献，对中国用户如何正确使用 TMMi 测试成熟度模型集成有着很好的指导作用。

我谨代表专业的国际软件测试认证委员会 ISTQB®在中国唯一的分会机构 CSTQB®，对此书的出版表示祝贺，并对译者的辛勤工作表示感谢！

希望通过了解、学习和掌握 TMMi，我国软件产业能快速培养一批测试过程改进的人才；能结合中国的实际情况以及最佳实践，制定更适合中国的标准和规范；并用中国的技术和实践对国际 TMMi 发展做出更大的贡献。

ISTQB®国际软件测试认证委员会中国分会 CSTQB®副主席　周震漪

译者序

TMI 003

国内软件测试行业在近10年间取得突飞猛进的发展：越来越多的企业有专业的测试团队，测试团队规模越来越大，几百人以上的测试团队在国内已经屡见不鲜。各个公司都很重视测试工作，尤其对于软件产品质量要求高的公司对此更加重视。国内通过软件测试工程师认证的人数也由10年前的几十人发展到现在总数超过万人，而且每年都在快速增长。在这个大背景下，软件测试组织本身的能力成熟度显得跟不上团队规模的增长速度，迫切需要尽快提升测试组织的管理能力，这就需要一个被证明的、可以广泛应用的测试过程改进最佳实践。TMMi正好在这个时机被引入国内，在多家知名企业落地，并取得良好的效果。越来越多的企业希望通过 TMMi 帮助自己的测试组织提高能力水平，进而提高生产效率和产品质量。

本书是 TMMi 基金会 CEO 对于 TMMi 精华的全面阐述，特别适合从事过程改进的专业人员，以及时间比较少，但又希望尽快了解 TMMi 精髓的管理人员和质量保障人员。为此，商超博、施彦臣和我联系 Erik，提出了翻译本书的想法。Erik 对此非常支持，他也非常认可我们在中国 TMMi 推进过程中起到的作用，相信我们能出色翻译这本书。虽然我们几个译者多年来一直专注于测试管理相关工作，对 TMMi 也非常熟悉，但为最大程度还原 Erik 写作此书时的本意，我们将此书英文版本阅读多遍，并经常进行讨论，也多次和 Erik 进行邮件和电话沟通，确保本书的翻译质量。当然我们也清楚，没有“零”缺陷的软件产品，我们的翻译工作也不会是完美的，就像我们软件测试工作一样：需要不断优化，持续改进。

在这里也特别感谢我的两位合作伙伴——商超博和施彦臣对本书翻译工作的辛勤付出，也感谢 Erik 对于本书翻译工作的大力支持，同时也特别感谢人民邮电出版社对于本书出版工作的默默奉献和鼎立支持；最后尤其要特别感谢的是在本书出版过程中，提供视频支持[①]的各位领导和专家，你们是本书忠实的读者，也是读者中的代表，你们的期望也是我们未来工作的动力和源泉，我们会更好地做好 TMMi 实施和认证工作，同时翻译更多更好的国外相关著作以飨读者。

---

① 本书针对重要概念、知识点、国内发展情况等提供了丰富的视频讲解。读者可用手机扫描二维码，或者用卷积 App 扫描二维码左边的配图，观看相关视频。

业内专家推荐

TMI 006

TMMi 是宣言书，宣告测试中心达到了世界领先的标准。这是一个强有力的宣言。大家有了新的奋斗目标，激发出了每个人的自主性、创造力和自豪感。大家憋了一股劲，主动提高了对自己和项目的要求，力争达到世界领先水平，证明自己和团队的能力。回过头来看，大部分 TMMi 的要求已经在我们的实践中达到了。通过了 TMMi 的对标实践，反而进一步证明了我们的能力，提升了团队的理论自信和制度自信。

——原惠普全球测试中心总经理 徐盛

TMI 005

我们实施 TMMi 的一个收获是，我们的人员数量每年都在不断增加，项目数量每年都不断增长，而我们的测试质量每年都逐步在提高。

另外一个收获是，通过实施 TMMi 项目，我们建立起了一套比较完整的测试度量管理平台。通过测试度量管理平台，可以自动、随时对测试项目进行状态监控，进行测试质量的自动评估，确保每一个项目结束时达到测试质量标准和测试出口标准。

——招商银行测试中心负责人 李士湘

TMMi 测试成熟度模型参考汇集了大量业界最佳实践，提供了一个系统性的软件过程改进模型。通过借鉴 TMMi 标准，可以全面、客观评估测试组织的优劣势，找出与最佳实践的差距，优化组织架构，确定测试发展方向，推动测试组织的持续发展，提升产品测试的质量和效率，适应新时代金融科技工作发展的要求。

——中国工商银行数据中心（北京）高级专家 郝毅

借鉴 TMMi 的测试过程改进指南和体系框架，与企业的实际研发管理模式有机结合，建设“规范化体系、精细化流程、数据化资产、智能化管理”的质量管理体系，对于快速交付工作产品（效率）、持续保障工程质量（质量）、稳健创造组织价值（价值）等方面，具有非常重要的意义和作用。

——银行业资深项目管理专家 徐振民

原书序

自从 TMMi 开始筹划以来，我就一直很幸运地参与其中。当我们开始开发一套测试和质量标准参考模型的这段旅程时，我们从未想到它会如此地受欢迎。我们仅仅是几个顾问，担心没有一套标准的方法来做测试评估。因此，当客户想要了解他们的流程有多出色的时候，他们只能依赖所聘请的顾问的工作质量和经验。这种情况不可重复，它也同样发生在决定是否要终止任何正在进行的改进措施的评审上。现在，TMMi 基金会拥有和管理 TMMi 模型，第一个提供非商业化的评估模型。基金会提供了一个通用的测试模型和 TAMAR（TMMi 评估方法授权要求）来确保测试过程评估的结果和实施的一致性。

尽管最初的测试成熟度模型的概念从美国发展起来，但第一本基于新 TMMi 模型的书却是在近年来软件测试步骤变更源发的荷兰出版的，这也是非常顺理成章的。现在，可喜的是，随着它变得越来越受欢迎，它被翻译成英文版，其内容可以被更为广泛的读者所了解。

本书的内容非常清晰，易于阅读和理解。我知道这本书将成功地帮助许多测试工程师和测试经理来了解 TMMi 模型，以及以一种可控的、成功的方式来改进他们的测试过程。

如果我们希望终结频繁报道的吸引眼球的软件灾难的新闻，对于我们大家来说，改进软件测试和质量是一条前进的途径。除非我们通过不同的方式来改进，否则一切都不会改变。本书将是这一过程中非常珍贵的工具。

在读完这本书之后，我希望你也会体会到使用 TMMi 的裨益。

TMMi 董事会成员 杰夫·汤普森（Geoff Thompson）

① 杰夫·汤普森（Geoff Thompson）曾任 TMMi 管理委员会主席，目前是 TMMi 董事会成员。——译者注

作者简介

Erik van Veenendaal

Erik van Veenedaal 博士，认证信息系统审计师，自 1987 年以来就是 IT 业的实践者。他的职业生涯从早期的软件开发转向了软件质量领域。作为一个测试分析师、测试经理和测试顾问，Erik 拥有超过 20 年的测试实践经验。他曾实施了结构化测试、正式评审、需求流程，并在不同行业的很多组织中基于 TMMi 进行了测试过程改进活动。Erik 也在埃因霍芬理工大学技术管理专业做了近 10 年的高级讲师。

Erik 在 1998 年建立了改进质量服务有限公司（www.improveqs.nl），该公司作为一个独立的组织专注于高级质量服务。他担任公司董事超过 12 年。在他的领导下，改进质量服务有限公司在荷兰成为一个领先的测试公司。服务客户包括嵌入式软件厂商（例如飞利浦、安必昂）和金融领域机构（例如荷兰合作银行、荷兰国际集团 ING 和 Triodos 银行等）。改进质量服务有限公司提供国际化的测试咨询和培训服务（例如使用 TMMi 框架来进行过程改进）、质量管理和需求工程。该公司是第二个在世界范围获得 TMMi 授权的评估公司。它是 ISTQB 基础和高级培训课程的市场领导者，并且也是国际需求工程理事会的成员。

Erik 是很多软件质量和测试相关论文以及书籍的（合作）著者，其中包括畅销的《The Testing Practitioner》《Foundations of Software Testing According to TMap》。Erik 是第一个获得 ISEB 认证，同时也是被授权的认证信息系统审计师（CISA）。他经常在国内、国际测试大会上发言，是软件测试领域领先的国际培训师（ISTQB 授权）。在 EuroStar 软件测试大会上，他凭借 1999 年的“易用性测试”、2002 年的“测试策略和计划”和 2005 年的“检视领导者”获得最佳发言奖。

他曾经是国际软件测试认证委员会（ISTQB）的副主席（2005－2009）。他是 ISTQB 术语表的编辑，自 2002 年起就任 ISTQB 专家级别工作组的副主席/主席。Erik 是 TMMi 基金会的创建者之一，目前是 TMMi 基金会的 CEO。他是 TMMi 模型的首席开发者。Erik 积极参与了国际需求工程委员会的各种工作组的工作。为了表彰他在测试领域的杰出贡献，2015 年他被授予了“欧洲测试卓越奖”。

在改进质量服务有限公司工作 12 年后，Erik 于 2010 年 7 月退出。从那时起，他生活在博奈尔，并参与国际测试咨询、培训和国际组织（例如国际软件测试认证委员会、TMMi 和国际需求工程委员会）的相关工作，同时也出版书籍和发表演讲。作为主要股东，Erik 也参与改进质量服务有限公司的事务。

读者可以通过电子邮件 erik@erikvanveenendaal.nl 和 www.erikvanveendaal.nl 联系 Erik。

Jan Jaap Cannegieter

Jan Jaap Cannegieter 博士，1993 年毕业于阿姆斯特丹大学商业经济学系。他把实施各种自动化系统作为职业生涯的开始。当他发现交付系统的质量往往很差时，就把兴趣转向了测试和质量保障领域。Jan Jaap 曾做过的各种工作包括：

- 结构化测试，包括测试协调、测试管理和测试咨询；
- 审计和快速扫描；
- 审查和检查；
- 项目质量保证；
- 实施 CMM（I）；
- 过程改进；
- 变更管理；
- 需求开发、需求验证和需求管理。

Jan Jaap 一直活跃在包括地方政府机构、荷兰税务管理各部委、荷兰商会、荷兰邮政银行、荷兰合作银行、科勒斯钢铁公司、荷兰中央书局、瑞士生活、荷兰国家铁路、荷兰皇家 KPN 电信集团、Tele2 和荷兰有线电视服务公司。

除了他的顾问职位，Jan Jaap 还在 ICT 和需求工程方面提供质量保障相关课程和组织研讨会。

他定期在《AutomatiseringGids》《Informatie》等期刊上发表文章，在很多大学和学院讲课，在很多国际峰会，如 Testnet、ESPEG、SPIder、PROFES、Dutch Testing Day、LaQuSo 和 Prince 2 用户组上发表演讲。

Jan Jaap 是很多软件过程改进、CMMI 和 TMMi 等相关书籍的作者。Jan Jaap 也是 SEI 技术说明《CMMI 路线图》的合著者。Jan Jaap 是 TMMi 4 级和 5 级开发组成员，对软件质量评估、高级同行评审以及缺陷预防过程域做出了贡献。

在这本书出版时，Jan Jaap 是 SYSQA B.V.公司执行董事会成员。这是一个独立的组织，专门从事需求、测试、质量保证和过程改进。在 SYSQA 公司，他负责知识管理、产品管理、质量管理。读者可以通过 jcannegieter@sysqa.nl 或 janjaap@vathorstnet.nl 联系到他本人。

TMMi 基金会简介

测试行业的一些主要从业人员认识到有一个不断增长的需求，即定义一个独立的全球模型，用于评估和测量测试过程。各种软件过程改进模型中对测试只有很有限的关注，如 CMMI 和各种“测试过程能力模型”，似乎没有充分地满足这个全球性的需求。在这些讨论后，TMMi 基金成立于 2007 年，以支持 TMMi 的发展。人们一致认为，该模型应属于公共领域，没有纯粹的学术或商业“所有权”。创始董事有 Andrew Goslin、Fran O'Hara、Mac Miller、Klaus Olsen、Geoff Thompson、Erik van Veenendaal 以及 Brian Wells。TMMi 基金会是一个“非营利性”的组织，在爱尔兰的都柏林注册。

自成立以来，该基金会吸引了来自世界各地的感兴趣的人，会员不断增长。与此同时，越来越多的机构为基金会的工作提供资金和其他支持。这些组织来自欧洲、印度和南美洲。

2009 年，基金会通过成立管理执行委员会扩展其组织能力。管理执行委员会的成员向基金会的所有注册成员开放，并由周年大会的会员投票决定。董事会决定战略目标。管理执行委员会负责在未来 12～18 个月内实施这一战略目标。

基金会的既定目标如下：

- 识别并确保 TMMi 模型标准的所有权和持续的知识产权；
- 定义国际核心 TMMi 模型标准并把它发布在公共网站上；
- 创建和管理一个独立的、公正的、集中的测试成熟度数据资产库；
- 基于标准模型，提供 TMMi 评估方法独立的授权过程；
- 提供独立的机制，来支持 TMMi 正式评级及检验机制；
- 定义和维护独立的评估师培训、认证、指导和检查；

- 提供公共论坛，使感兴趣的各方可以在那里交换信息、思想、教育和公共标准用法。

为了满足这些目标，TMMi 基金会致力于提供以下内容：

- 标准的 TMMi 模型，可以单独使用或支持其他过程改进模型；
- 独立管理的数据资产库，来支持 TMMi 评估方法的授权、评估师和评估的授权/确认，已检验评估数据与证书；
- TMMi 的评估方法授权/审计框架要与 ISO 15504 相一致，并且要依据标准模型来认证商业评估方法；
- 认证和培训/考试流程、程序和正式的标准，评估师和主任评估师公共的授权，以及持续管理这些内容。

基金会测试社群（技术起草工作组和泛审查小组成员）协助创建及维护其改进模型：测试成熟度模型集成（TMMi）。TMMi 模型是一个详细的测量测试成熟度和识别改进的模型。它是 CMMI 的补充模型，但是也同样支持其他软件工程模型，如 ITIL、ISO9000 等。

2008 年，基金会还公布了 TMMi 评估方法授权要求（TAMAR）。TAMAR 基于 ISO 15504，定义了评估方法包的要求。如果满足该要求，将成为基金会授权的供应商。展望未来，基金会也正寻求为组织提供自我评估方法包及相关的培训。

与 TAMAR 发布相并行，基金会也发布授权评估师及主任评估师的标准和规程，以及他们必须要掌握的知识、接受的培训和评估的技能。

TMMi 基金会提供基于共同的、国际的、包括了用于评估和对比测试过程的模型。除了这一标准参考模型，TMMi 基金会也为公开授权方法和评估师提供服务，使这些组织更容易参照一个国际公开的、独一无二的、广泛接受的标准来进行评估、测量和对比它们的过程。活动、工作、已授权 TMMi 评估服务商、基金会出版物等全部信息都可以在基金会的网站上找到。

前言

欢迎大家阅读本书。测试成熟度模型集成（TMMi）是一个非商业化的、独立于组织的测试成熟度模型。使用 TMMi，组织可以通过有资质的评估师来客观地评估和改进他们的测试过程。一旦符合要求，他们的测试过程和测试组织可以得到正式的认证。和其他的测试改进模型相比，TMMi 的优势在于它是独立的、与国际标准相一致的、由业务驱动（目标驱动）的，并与 CMMI 框架完美匹配的模型。

TMMi 基金会

TMMi 是由 TMMi 基金会研发出来的。TMMi 是一个位于爱尔兰都柏林的非营利性组织，它的目标是开发和维护 TMMi 模型，创建标杆数据，以及协助有资质的评估师展开正式评估。测试人员可以（免费）成为 TMMi 基金会的会员，而董事会成员则会从会员中选出。很多国际测试专家都对当前的 TMMi 模型做出了贡献，且该模型已经被证明是行之有效的。很多国际组织已经采用 TMMi 来改进他们的测试过程。还有一些组织已经正式达到了 TMMi 2 级或 3 级，有些甚至已达到 4 级或 5 级。

TMMi 模型的优势

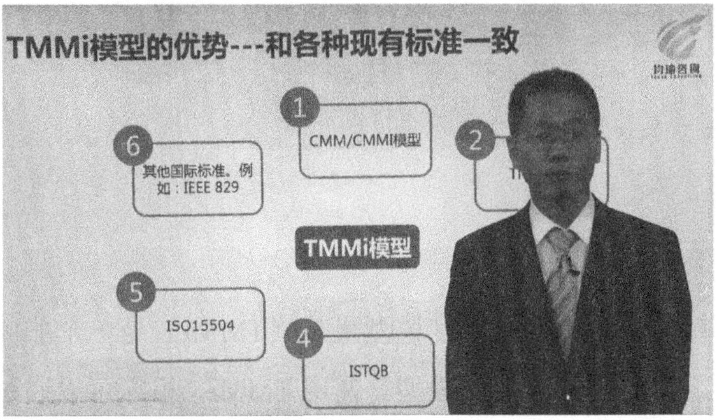

TMI 011

TMMi 与国际测试标准，如 IEEE 和国际软件测试认证委员会（ISTQB）的术语表保持一致。TMMi 基金会本身不会引入新的或自己的术语，而是复用 ISTQB 的术语。这一点对于所有拥有 ISTQB 认证的测试专业人员都是有优势的（截至本书出版时已经大约有 60 万人通过了 ISTQB 的认证）。TMMi 是以业务目标驱动的，也不同于其他模型。

测试从来就不是独立的活动。在改进模型 TMMi 2 级里，我们通过介绍测试方针与目标这一过程域，使测试尽早地变得与组织目标和质量目标相一致。所有的利益相关人在早期清楚改进和理解业务案例是有必要的。TMMi 模型与其他测试改进模型最后的不同是 TMMi 与 CMMI 框架相符。CMMI 的架构与通用组件都可以在 TMMi 中得到复用。

本书的目标读者

这本书面向广泛的读者。测试人员以及测试经理都可以使用它来评估自己的过程。测试顾问也可以在测试改进项目的评估中使用它。其他利益相关人也可以获取通用的测试知识以及特殊的 TMMi 知识。CMMI 顾问和质量保障人员也可以通过阅读本书，更轻松地熟悉与 CMMI 相符合的测试改进模型。

本书主要内容

本书并不包含对 TMMi 详细完整的描述；它仅对模型进行概要的描述，即对于每个目标和实践的描述。如果有人想要对某一个测试过程有更为详细的了解，本书提供了详细的阅读清单。本书还涉及评估方法和 TMMi 的实施方法。此外，本书还包括一系列附录，包括 TMMi 与 CMMI 的关系、术语表和附录清单。

TMMi 模型的完整版可以在 TMMi 基金会网站上找到。在《TMMi 精华——目标驱动的测试过程改进》这本书最初的版本中，介绍的是 TMMi 模型 3.1 版。这表明对 TMMi 模型本身和 TMMi 2～5 级都有所涵盖。但是，TMMi 5 级仅包括目标。因为在编写本书时，5 级的实现部分还未正式发布。作者之所以决定现在出版这本书，是因为它可以让组织从 TMMi 2 级、3 级或 4 级开始着手。TMMi 5 级中的实践部分也会包含在本书的后续版本中。

致谢

很多人都曾评审过这本书的草稿，也包括早期出版的荷兰语版（Erik van Veenendaal 和 Jan Jaap Canegieter）。我们要特别感谢以下几位（以姓氏字母排序）：Frans van Asten、Bryan Bakker、Bart Bouwers、Bart Fessl、Pascal Maus、Judy McKay、Fran O'Hara、Manfred van Roekel、Geoff Thompson、Brian Wells 和 Johan Zandhuis。

作者 Erik 为中文版撰写的致谢

The Little TMMi has been translated by Chaobo Shang (Ella), Liang Ren (Shark) and Yanchen Shi (Vincent) whom all have good knowledge on the TMMi, have profound knowledge and experience of testing, and conducted several TMMi assessments for Chinese enterprises. They represent Junyu Ltd. Co., a leading edge company for software quality that is both an accredited TMMi assessment service provider and recognized TMMi Professional training provider.

本书由商超博（Ella）、任亮（Shark）和施彦臣（Vincent）三位译者共同翻译完成。他们三位具有良好的 TMMi 知识，丰富的测试知识和资深的实践经验，并且已经为多家中国企业实施了 TMMi 的评估认证。他们所代表的均瑜管理资询有限公司，在软件质量方面是具有领先优势的尖端企业，同时也是具有 TMMi 授权的评估服务商和培训服务商。

资源与支持

扫码关注本书

请扫描下方二维码关注本书。如果您已注册成为异步社区用户，那么本书将自动添加到“我的书架”中，方便您管理自己已购买的图书，及时更新勘误，以及了解本书其他动态，并可获得购买本书电子版的优惠券。

配套资源

本书提供了如下资源：

本书作者、译者、评估师和 TMMi 使用者的视频介绍。

读者请通过本书封底的刮刮卡观看。也可通过异步社区“课程”频道订阅。

如果您是教师，希望获得教学配套资源，请在社区内联系本书的编辑人员。

请在异步社区本书页面中点击 配套资源 ，跳转到下载界面，按提示进行操作即可。注意：为保证正常购书用户的权益，会要求您输入提取码进行验证。

提交勘误

作者和编辑尽最大努力来确保书中内容的准确性，但难免还会存在差错。欢迎您将发现的问题告诉我们，帮助我们提升图书的质量。

当您发现错误时，请登录异步社区主页 https://www.epubit.com/，搜索到本书页面，点击 “提交勘误”，相应输入信息，最后单击“提交”按钮即可。之后本书的作者和编辑会对您提交的勘误进行审核。确认并接受后，您将获赠异步社区 100 积分。积分可用于社区购买折现，以及兑换样书或奖品之用。

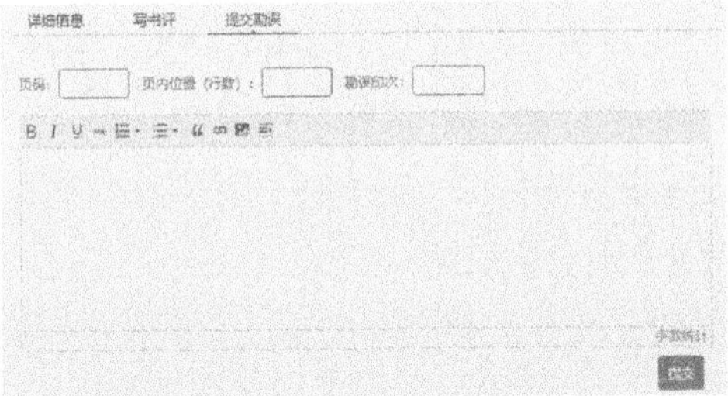

与我们联系

如果您对本书有疑问或建议，请发邮件到 contact@epubit.com.cn，邮件的标题中请注明本书书名。

如果您对出版图书、录制教学视频有兴趣，或想参与翻译、技术审校等工作，请发邮件到 contact@epubit.com.cn，或者到异步社区在线提交投稿：

www.epubit.com/selfpublish/submission

如果您是学校、培训机构或企业，想批量购买本书或异步社区出版的其他图书，请发邮件到 contact@epubit.com.cn。

关于异步社区和异步图书

异步社区是人民邮电出版社旗下 IT 专业图书社区，致力于出版精品 IT 技术图书和相关学习产品，为作译者提供优质出版服务。社区创办于 2015 年 8 月，目前已经提供超过 1000 种图书、近 1000 种电子书，以及众多技术文章和视频课程。更多详情请访问异步社区官网。

异步图书是由异步社区编辑团队策划出版的精品 IT 专业图书品牌，依托于人民邮电出版社近 30 年的计算机图书出版积累和编辑团队。异步出品的图书均在封面印有异步图书的 LOGO，出版领域包括软件开发、大数据、AI、测试、前端、网络技术等。

目录

第 1 章 引言

1.1 背景

在过去的 10 年里，软件产业已投入大量精力来提高其产品的质量。由于软件规模和复杂度迅速增加，同时客户的需求越来越多，提高产品质量变成了一项艰巨的工作。尽管各种质量改进方法取得了令人鼓舞的成果，但是软件产业还远未达到零缺陷。为了提高产品质量，软件业往往着眼于改进它的开发过程。

能力成熟度模型（CMM）是一个已经被广泛用于改进开发过程的指南。能力成熟度模型和其后续版本——能力成熟度模型集成（CMMI）通常被视为软件过程改进的行业标准。CMM 为过程改进项目提供了必要的结构和方向。CMM 变成了一种可以决定组织成熟度的模型，或者如 Watts Humphrey 所说的："如果你不知道你在哪里，即便有一张地图也帮不了你。"但是，在测试领域里，CMM 就显得不足。尽管测试成本至少占项目成本的 30%～40%，但是 CMM 对测试的关注很有限。在 CMM 成熟度 3 级里有一些对测试过程的要求，但它仅仅是高度抽象的要求，很难被应用于实践。

CMM的后续模型中，能力成熟度模型集成CMMI（CMMI DEV）中有两个专门针对测试的过程域（验证和确认）。即便如此，由于CMMI中实践工具过少，它不能对测试过程的改进提供具体步骤的支持。CMMI专注于组织级别、软件和系统工程的过程，并不注重测试过程成熟度的特征。为了应对这种局限，TMMi基金会创立了自己的改进模型——测试成熟度模型集成（TMMi）。TMMi是测试过程改进的详细模型，它的定位是作为CMMI的补充。

1.2 测试成熟度模型集成

来源与结构

TMMi框架是由TMMi基金会开发的，对测试过程改进有指导和参考作用，并定位为对CMMI 1.2版本有补充作用的框架模型，涉及测试经理、测试工程师和软件质量专业人士所关注的重要问题。TMMi定义的测试是一种广义的测试，包括了所有与软件产品质量相关的活动。

> **测试**：包括了所有生命周期活动的过程，包括静态测试和动态测试。它涉及计划、准备和对软件及其相关工作产品的评估，以发现缺陷来判定软件或软件的工作产品是否满足特定需求，证明它们是否符合目标【ISTQB 术语】。

同CMMI的阶段型一样，TMMi在详细说明过程改进和评估时也使用了成熟度级别这一概念。此外，它还识别了过程域、目标和实践。

应用 TMMi 成熟度准则，将对改进测试过程、提高产品质量、提高测试工程生产率和减少周期工作量产生积极的影响。TMMi 的开发为需要评估和改进测试过程的组织提供支持。

实践经验表明，TMMi 支持建立一个更有效果和高效率的测试过程。测试成为一种职业，并与开发过程密不可分。如上所述，测试的焦点从发现缺陷转变为预防缺陷。

优势

应用 TMMi 会引领测试组织建立结构化及可控的测试过程、提升产品质量、提高生产率，更常见的效果则是缩短交付时间。相关细节会在 1.4 节中详细介绍。开发 TMMi 为需要评估和改进测试过程的组织提供支持。在 TMMi 中，测试的演进是从一个缺乏资源、工具和熟练的测试人员的无序、非结构的过程，发展到一个以缺陷预防为主要目标的、成熟的、可控的过程。

范围

TMMi 旨在支持系统工程和软件工程两个学科中测试活动和测试过程的改进。系统工程涵盖了整个系统，可能包括或不包括软件的开发活动。软件工程包括软件系统的开发。

尽管一些测试过程改进的模型主要集中在较高的测试级别，例如，测试过程改进（TPI）[Koomen/Pol] 和它的后续版本 TPI-NEXT，或者只涉及结构化测试的一个方面，如测试组织；TMMi 涉及所有的测试级别（包括静态测试）和结构化测试的所有方面，动态测试、较低的测试级别和较高的测试级别都在 TMMi 的范围内。越详细地研究这个模型，就越能够了解该模型涉及的结构化测试的所有4个基础（生命周期、技术、基础架构和组织）【TMap】。

1.3 来源

能力成熟度模型集成

TMMi 开发以伊利诺伊理工大学开发的 TMM 框架为主要的来源之一【Burnstein】。此外，它还遵循了在 IT 行业中经过广泛证实的过程改进模型——能力成熟度模型集成（CMMI）。CMMI 模型兼有阶段型和连续型两种表达形式。在阶段型中，CMMI 架构规定了一个组织必须以有序的方式推进开发过程改进的各个阶段。在连续型中，不需要通过固定的一系列级别或阶段来改进。一个组织运用连续型可以选择许多不同类别的过程域进行改进。

TMMi 被开发为一个阶段型模型。该阶段型模型使用预定义的一系列过程域来为组织定义改进途径。模型组件所描述的改进途径被称为成熟度级别。成熟度级别是已定义的组织改进过程的一个稳定演进阶段。TMMi 的每个成熟度级别都有固定的结构，包括已定义的过程域、目标和实践。

在对 TMMi 模型组件进行定义和命名时，以及在对过程域进行阐述时，我们充分考虑了 CMMI。CMMI 与 TMMi 都采用了继承原则：必须在符合了某一个级别内的所有要求后，才能够向更高的级别进发。TMMi 在框架组织结构上与 CMMI 是兼容的，重点集中在测试领域，它是 CMMI 的补充。TMMi 基金会已经声明在之后也许会开发一个连续的模型。这个新模型将不会在内容上有所变更，更多地会在框架结构和表现形式上有所变化。

TMMi 基金会将 TMMi 定位于 CMMI 模型的补充模型。在许多情况下，一个给定的 TMMi 级别需要有其对应 CMMI 级别或更低 CMMI 级别的过程域的特定支持，在有些情况下会关联到更高的 CMMI 级别（见附录 A）。CMMI 中详细说明的过程域和实践大部分在 TMMi 中不再重复说明，而只是被引用。例如 CMMI 过程域中的配置管理，配置管理也适用于对测试交付物（测试工作产品）的管理，但是 TMMi 对此就不再赘述，而仅仅是引用和复用它。但是有一个例子除外，即同行评审，它同时存在于 CMMI（作为验证过程域的一部分）和 TMMi 中（专门作为一个过程域），它被看作一个测试过程域而独立地应用在测试过程改进的模型中。

其他来源包括 Gelperin 和 Hetzel 的演进测试模型【Gelperin 和 Hetzel】，该模型描述了在过去 40 年里测试过程的演进；Beizer 的测试模型【Beizer】，该模型描述个体测试工程师思维的演进过程，欧盟资助的 MB-TMM 研究项目对 TMM 的研究，以及一些其他国际测试标准，如软件测试文档的 IEEE829 标准【IEEE-829】。TMMi 中的测试术语来源于 ISTQB 的标准术语表【ISTQB】。

演进的测试模型

在 Gelperin 和 Hetzel 的演进测试模型中，被识别出来的第一个阶段被称为“调试导向”阶段。这一阶段相当于 TMMi 1 级，软件组织并不区分测试与调试。测试被看作调试活动。测试的目标是保障软件没有重大故障，可以运行即可。

在接下来的“示范导向”阶段，测试与调试分离。两种活动各有其目标：调试的目标是保证软件可以运行，而测试的目标是保证软件与它的需求规格说明相一致。在“示范”阶段，测试计划和测试设计技术被引入组织中。但测试在项目的晚期才介入，这一阶段与之后的“破坏导向”阶段都与 TMMi 2 级紧密联系在一起。在“破坏导向”的阶段，测试被认为是找缺陷。“总是有缺陷”和“不存在零缺陷的软件”这样的描述是测试人员的思维定式。所以我们把目标定为“保证软件与需求保持一致”，强调所谓的逆向测试。逆向测试被定义为“测试的目的在于证明系统或组件不能正常工作”【ISTQB 术语】。逆向测试与测试者的态度有关，而不是与具体的测试途径或测试设计技术（如使用无效输入或异常输入）有关。

在“评估导向”阶段，测试已经完全地融入软件开发生命周期中。测试是一个在早期介入项目的过程。测试范围也扩大到将评审作为测试的一部分，进而查找文档中的缺陷（例如需求文档）。发现缺陷的所有相关活动都被看作测试过程的一部分。测试的目标是对产品质量的（基于量化）可视化展示。“评估导向”阶段与 TMMi 3 级、TMMi 4 级的一部分关联起来。演进的测试模型最终以“预防导向”阶段结束，此阶段与 TMMi 5 级一致。在这一阶段，测试过程已经完全被定义与控制。测试的重心不再是找到缺陷，而是对产品和过程进行缺陷的预防。测试活动，如评审、计划和测试设计都围绕着这一高级目标展开。新的测试实践，如根源分析也在这一阶段被引入组织中。

表 1.1 展示了演进的测试模型与 TMMi 级别的对应关系。

表 1.1　　TMMi 与测试演进模型的关系

测试演进模型	TMMi
预防导向阶段	5 级　优化
评估导向阶段	4 级　已测量 3 级　已定义
破坏导向阶段 示范导向阶段	2 级　已管理
调试导向阶段	1 级　初始

1.4　TMMi 的成本与收益

TMI　　012

使用 TMMi 来实现过程改进方案是需要投资的。当提到 TMMi

的成本与收益时，通常会区别直接成本与间接成本、直接收益与间接收益。直接成本与收益可以直接体现到改进的项目中，并且以货币量来表达。例如，直接成本包括工作量（工作时间）、培训和教育以及外部顾问。由于缺陷在整个过程的早期被发现，产生了生产率提高、减少对生产过程干扰、减少损坏维修等结果，这些是直接收益的表现。间接成本和收益不能直接体现到改进项目中，也很难用货币量来表达。例如，间接成本包括花在培训上的时间、由于轮职而引起的学习曲线变化、由于过程的变更而导致的生产效率下降。间接收益包括员工更好地被激励、客户忠诚度提高、更高的员工内部互换性以及工作环境的改善。

在实际中，通常只有直接成本和收益被计算在投资回报率（ROI）里。一方面，因为相较于间接成本和间接收益，直接成本和直接收益比较容易统计。另一方面，间接收益有时比直接收益更大，甚至更为重要。因此，在定义 TMMi 改进方案的附加价值时，最好把间接收益也考虑进去。因为投资过程改进需要管理层长期的支持，准确而持续不断地度量改进方案的回报是赢得支持的关键。

TMMi 是一个最近形成的模型，已公布的关于成本和收益的数据比较有限。不过，为了能够展示出成本与收益，表 1.2 展示了已经证实的改进项目的概要数据。请注意，这些数字来自于 CMMI 的改进项目。在同样的假设下以及同样的条件下，我们也可以期待 TMMi 的改进项目产生相似的结果。

表 1.2 改进方案的度量 [Van Solingen]

SPI-度量	实际最小值	实际最大值	平均值
成本			
每位员工的财务花费	€ 1.000	€ 5.000	€ 2.500
花在每位员工身上的时间	1%	5%	3%
回报			
每位员工的营利收益	€ 5.000	€ 55.000	€ 20.000
投资回报率	4%	10%	7%

注：€为欧元

过程改进的收益通常很难度量。大多数组织发现很容易度量成本，但是很难度量收益。TMMi 的直接利润通常是通过与过去情况的对比来体现的，即实施 TMMi 之前与之后的情况。间接收益，例如“增加客户的满意度”或“增加个人的积极程度”，可以通过开展问卷调查或访谈的方式来度量。

以前我们说，精确地度量投资 TMMi 的成本和收益是很重要的，这可以确保改进方案的持续进行，同时激励管理层和员工。为了说明可能的产出（回报），作者在这里展示了一个亲身参与过的案例的一些结果。

有一个 IT 组织，它是第一批世界范围内达到 TMMi 3 级的测试组织之一。报告体现了在系统测试中测试执行时间的缩短（见图 1.1）和缺陷发现率的提高（见图 1.2）[ISTQB 术语表术语]。

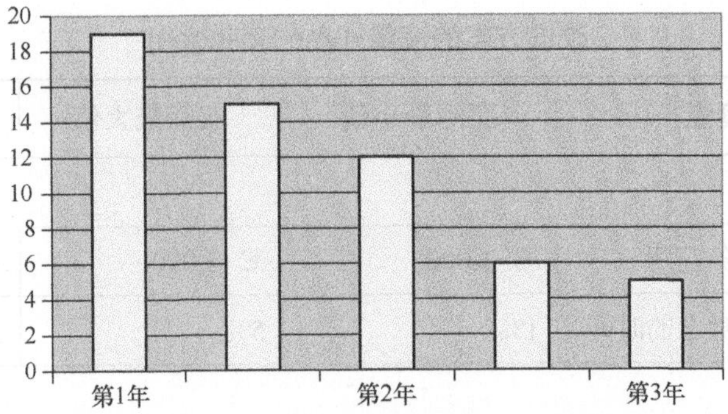

图 1.1 系统测试执行时间（周）

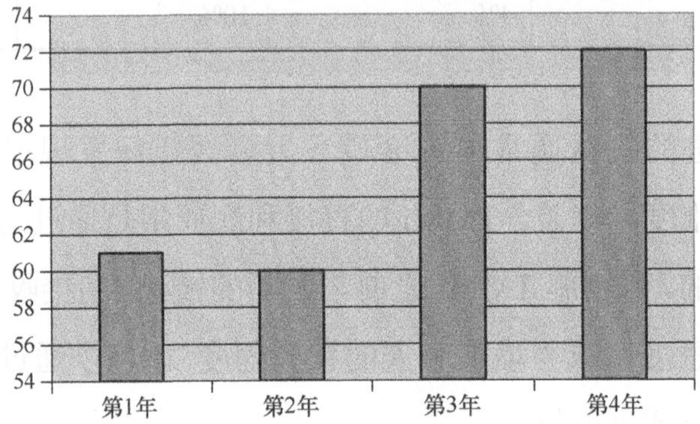

图 1.2 缺陷发现率

在一段时间过后，绝大多数组织会报告它们测试过程的可预测性更好了。图 1.3 所示是一个通过了 TMMi 2 级的 IT 组织的报告，它就体现了这一点。最初有 100%的偏差（或更多），但在实践了测试过程改进后，偏差已经在可控的范围——20%以内。最后，图 1.4 来源于一个快达到 TMMi 2 级的金融组织的报告，它很清楚地展示了在系统测试中缺陷发现率的提升。

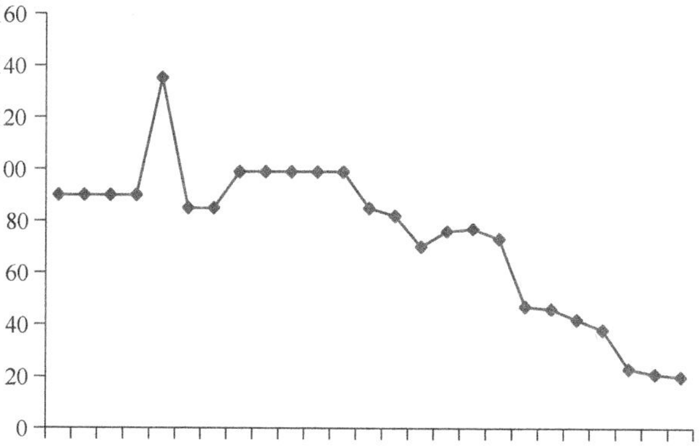

图 1.3　测试实际时间与测试估算时间的偏差（%）

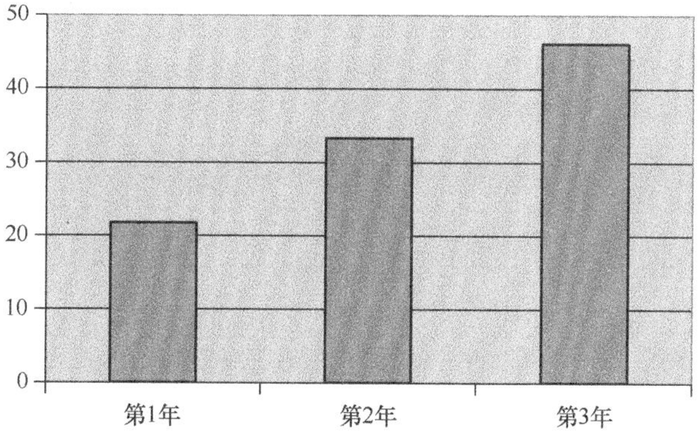

图 1.4　系统测试中的缺陷发现率

第 2 章　TMMi 模型

2.1　概述

TMI　013

TMMi 呈现的是一个过程改进的阶段型架构。它包含阶段或级别，组织可以通过它们使测试过程从临时的和未管理的状态进化为已管理、已定义、已测量和优化的状态。为实现每个阶段的目标，我们需要确保有足够的改进成果，使之成为下一阶段的基础。

TMMi 内部结构中有丰富的测试实践，这些实践可以被系统地学习和应用，以增量的方式来支持质量测量和测试过程改进。在 TMMi 中有 5 个级别，规定了成熟度级别和测试过程改进的路径。每个级别都有一组过程域，组织需要实施这些过程域来达到对应的成熟度级别。

实践证明，当组织一次专注在可控的几个测试过程域的改进投入时，它们会做到最佳水平。随着组织的改进，这几个过程域会要求增加它们的复杂度。因为每个成熟度级别都是下一个级别的基础，试图跳过一个成熟度级别往往会适得其反；与此同时，必须认识到测试过程改进的努力应关注组织的经营环境需要，较高的成熟度级别过程域可能涉及组织或项目的需要。例如，组织寻求从成熟度 1 级提升到成熟度 2 级，经常被要求建立一个测试组，而这是成熟度 3 级的测试组织过程域所要求的。虽然测试组不是一个 TMMi 成熟度 2 级的必要特性，但是它可以是组织达到 TMMi 成熟度 2 级有效途径的一部分。

图 2.1 展示了 TMMi 每个成熟度级别的过程域，它们在以后的章节中有详细的介绍。下面简要地罗列出一个组织在 TMMi 每个级别的特征。也给读者介绍了 TMMi 规定的改进路径。

TMMi 没有一个针对测试工具和自动化的过程域。在 TMMi 中，测试工具被看作支持（实现）的资源，因此它们能对过程域起到支持作用。如在 TMMi 2 级中，应用测试分析工具来支持测试设计与执行过程域的测试实践；在 TMMi 3 级中，应用性能测试工具来支持非功能性测试过程域的测试实践。

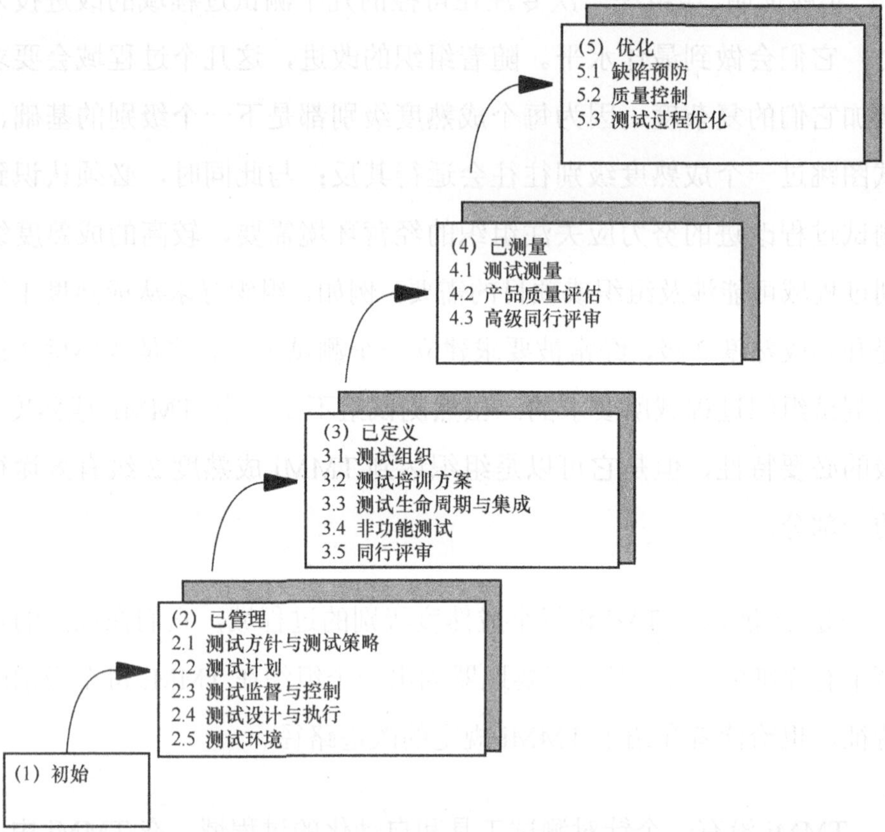

图 2.1 TMMi 成熟度级别和过程域

2.2 TMMi 成熟度级别

2.2.1 1 级——初始

TMI 014

在 TMMi 1 级，测试是一个混沌、不明确的过程，通常被认为是调试的一部分。组织一般不提供稳定的环境去支持过程。在这些组织中，成功依赖于组织中人员的能力及个人英雄主义，而不是经过验证的过程，测试是在编码完成后自发开展的。测试和调试交错进行，以消除系统中的缺陷。这个级别的测试目的是要表明该软件在运行时没有重大故障。产品发布时对质量和风险没有足够的可见度。这样，产品往往不能满足需求，不稳定或太慢，组织在测试时缺少资源、工具和受过良好培训的员工。TMMi 1 级并没有明确的过程域。成熟度 1 级的组织有过度承诺倾向、在危机时放弃过程以及不具备重复其成功的能力等特征。此外还存在产品往往不能按时发布、预算超支并无法达到期望的交付质量等问题。

2.2.2 2级——已管理

TMI 015

在TMMi 2级，测试成为一个已管理的过程，并且明确地与调试分开。成熟度2级所表现的秩序有助于确保现有的实践结果在有压力的情况下被保留下来。尽管如此，测试仍然被很多项目相关人认为是在编码之后的一个项目阶段。

在测试过程改进的背景下，我们建立一个全公司或全项目的测试策略，并制订测试计划。在测试计划中定义测试途径，该途径基于产品的风险评估结果，通过风险管理技术来识别已记录的需求中的产品风险。测试计划定义了什么是必需的测试，何时、如何以及由何人完成测试。项目相关人承诺并根据需要进行修改。测试被监督和控制，以确保它是按照计划来执行的，并且保证发生偏差时可以采取措施。工作产品的状态和测试服务的交付对管理人员是可见的。测试设计技术应用于根据规格生成和选择的测试用例。但是测试可能仍然在开发生命周期中相对较晚的阶段开始，例如在设计甚至编码阶段。

在 TMMi 2 级中，测试是多级别的，包括组件、集成、系统和验收测试级别。在组织范围或项目范围的测试策略中，为每个确定的测试级别定义了特定的测试目标。测试和调试的过程是有区别的。

在 TMMi 2 级中，组织的主要测试目的是验证产品满足特定的需求。在这个 TMMi 等级中的很多质量问题是因为测试在开发生命周期的后期进行才引发的。缺陷从需求和设计传递到代码中。到目前为止，组织还没有正式的评审程序能解决这一重要问题。

TMMi 2 级的过程域包括：

（1）2.1 测试方针与策略；

（2）2.2 测试计划；

（3）2.3 测试监督与控制；

（4）2.4 测试设计与执行；

（5）2.5 测试环境。

2.2.3 3级——已定义

TMI 016

在 TMMi 3 级中，测试不再局限于编码之后的一个阶段。它完全被集成到开发生命周期和相关的里程碑中。测试计划在项目前期完成，例如在需求阶段制订主测试计划。主测试计划是以 TMMi 2 级所获得的测试计划技能和承诺为基础来制订的。TMMi 3 级的基础是有组织级的标准测试过程集，这个过程集被明确定义并随着时间的推移而改进。在该级别中，拥有独立的测试团队，并且有特定的测试培训方案，测试被视为专门的职业。测试过程改进作为测试组织已接受实践的一部分被完全制度化。

在 TMMi 3 级中，组织认识到评审在质量控制中的重要性；实施了正式的评审程序，但是还没有完全覆盖到动态测试过程。评审在整个生命周期中进行。专业的测试人员参与需求规格的评审。在 TMMi 2 级中，测试设计主要集中于功能测试。在 TMMi 3 级中，测试设计和测试技术扩大到非功能性测试，例如，根据业务目标所需的易用性测试和/或可靠性测试。

TMMi 2 级和 3 级之间一个关键的区分是标准、过程描述和规程的范围。在 TMMi 2 级中，这些在每个特定的例子上可能是相当不同的。在 TMMi 3 级中，个别项目或组织单元都只能在裁剪规则允许的范围内对标准过程进行裁剪，因此这些项目有更高的一致性。另外，两者之间的另一个关键区别是：在 TMMi 3 级中，过程描述比在 TMMi 2 级中更严格，因此在 TMMi 3 级，组织必须重新审视 TMMi 2 级的过程域。

TMMi 3 级的过程域包括：

（1）3.1 测试组织；

（2）3.2 测试培训方案；

（3）3.3 测试生命周期与集成；

（4）3.4 非功能测试；

（5）3.5 同行评审。

2.2.4 4 级——已测量

TMI 017

为实现 TMMi 2 级和 3 级的目标，组织建立了技术、管理和人员的基础，对彻底测试以及改进测试过程的支持都带来好处。有了这些基础，测试可以成为一个可以测量的过程，从而促进其进一步发展和取得成就。在 TMMi 4 级的组织里，测试是一个完全定义、有良好基础的可测量过程。测试被认为是评估，评估范围包括了对生命周期内所有产品以及其他相关工作产品的检查。

一个组织范围内的测试测量方案的实施，可以用来评估测试过程的质量、评估生产率并监督改进。测量已纳入组织的测量库，以支持基于事实的决策。测试测量方案还用于预测测试性能和测试成本。

关于产品质量方面，测量方案的出现使一个组织能够通过定义质量需求、质量属性和质量度量项来实现产品质量评价过程。产品的评价是使用质量属性的量化指标——如可靠性、易用性和可维护性——进行的。产品质量目标在整个生命周期内可用量化术语来理解并针对已定义的目标来进行管理。

评审和审查被认为是测试过程的一部分，用于在生命周期早期测量产品质量，并作为正式控制质量的方法。同行评审作为一种缺陷检测技术，已成为与产品质量评估过程域保持一致的产品质量度量技术。

TMMi 4 级还涉及建立同行评审（静态测试）和动态测试之间协作的测试途径，以及使用同行评审的结论和数据来优化测试途径，这些都是为了使测试更有效率和效果。同行评审已完全与动态测试过程集成，如成为测试策略、测试计划和测试途径的一部分。

TMMi 4 级的过程域包括：

（1）4.1 测试测量；

（2）4.2 产品质量评估；

（3）4.3 高级同行评审。

2.2.5 5级——优化

TMI 018

TMMi 从 1 级到 4 级的所有测试改进目标的实现，都为测试创造了一个组织的基础架构，它支持完全的已定义和已测量的过程。在 TMMi 5 级，组织基于统计控制过程的定量认知，具备了持续改进过程的能力。通过过程和技术的增量和创新的改进，来提高测试过程的性能。测试方法和技术被优化，并持续专注微调和过程改进。一个优化的测试过程在 TMMi 中被定义为：

- 已管理的、已定义的、已测量的、有效率和有效果的；
- 由统计控制的和可以预测的；
- 关注缺陷预防；
- 自动化支持被视为资源的有效利用；
- 能够支持技术由行业转移到组织；

- 能够支持测试资产的重复利用；
- 专注于过程改变，以实现持续改进。

为了支持测试过程基础架构的持续改进，识别、计划以及实现测试过程改进，我们通常会正式成立一个永久的测试过程改进组，小组成员都接受过专业培训，并具备帮助组织成功所需要的专业技能和知识。在很多组织中，这个小组称为测试过程小组（TPG）。在 TMMi 3 级中，当测试组织被引入时，TPG 开始正式支持测试过程。在 TMMi 4 级和 5 级中，随着更高级别的实践被引入 TPG 的职责也增加了，例如包括确定可复用的测试（过程）资产、开发和维护测试（过程）资产库等。

建立缺陷预防过程域是为了识别和分析在开发生命周期中存在的共性原因，并制定措施以防止今后再发生类似的缺陷。测试过程性能的异常值是过程质量控制的一部分，要对它们进行分析，查明它们出现的原因，以作为缺陷预防的一部分。

测试过程目前已经变成由统计方法来管理的质量控制过程——抽样、对信心水平的测量、可信度的测量，以及可靠性等驱动着测试过程。测试过程的特点是基于抽样的质量测量。

在 TMMi 5 级中，测试过程优化过程域引入微调机制，不断地改进测试。有一个既定的规程来识别过程改进，同时也能选择和评价新的测试技术。在测试过程中，工作尽可能有效地支持测试设计、测试执行、回归测试、测试用例管理、缺陷收集和分析等方面。组织过程和测试件在整个组织中的复用是常见的实践，并由测试（过程）资产库来支持。

TMMi 5 级的 3 个过程域，即缺陷预防、质量控制和测试过程优化，都为持续过程改进提供支持。事实上，这 3 个过程域是高度关联的。例如，缺陷预防支持质量控制，通过分析过程性能的异常值和缺陷根源来预防缺陷再次发生。质量控制过程域也有助于测试过程优化，而测试过程优化支持缺陷预防过程域和质量控制过程域。所有这些过程域都依次需要低级别过程域完成时所获得的实践来支持。在 TMMi 5 级中，测试是一个以预防缺陷为目的的过程。

TMMi 5 级的过程域包括：

（1）5.1 缺陷预防；

（2）5.2 质量控制；

（3）5.3 测试过程优化。

2.3 过程域的结构

TMI 019

图 2.2 展示的是 TMMi 过程域的通用结构。

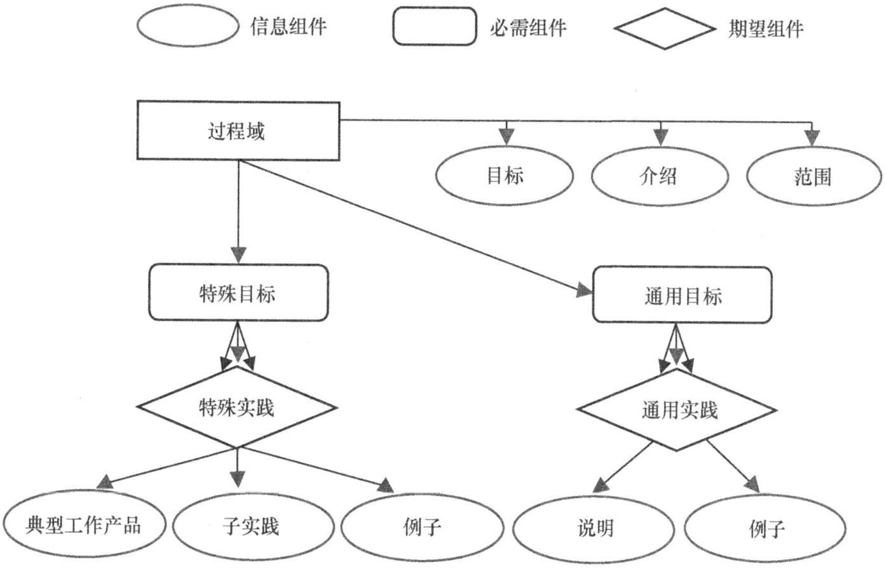

图 2.2 TMMi 过程域结构

信息组件

每个过程域都有多个信息组件（目标、介绍、范围）。信息组件可以帮助组织开始考虑如何实现必需组件和期望组件。其他的信息组件包括子实践、典型工作产品。本书第 3 章描述了过程域的目标。本书并没有“介绍”和“范围”这两个部分，这些可以在 TMMi 完整文档中找到。

目标

每一个过程域都有两种类型的目标——通用目标和特殊目标。每一个过程域的通用目标都是一样的。通用目标描述了使得一个过程域的过程得以制度化而必须呈现的特性。当一个过程被全部制度化，即使在时间紧迫的情况下，这个过程也被认为已经被组织和它的员工自然地遵守了。在通用目标之后，每个过程域也都有几个有针对性的特殊目标。一个特殊目标就是为了满足这个过程域而必须呈现出的独一无二的特征。例如，执行产品风险评估是测试计划过程域的一个特殊目标，为测试专家建立测试职能是测试组织过程域的一个特殊目标。

实践

实践指的是如何实现目标的建议。特殊目标通过特殊实践来说明，通用目标通过通用实践来说明。例如，特殊目标执行产品风险分析的特殊实践，包括定义产品风险目录、参数以及识别产品风险。再如，通用目标中与已管理过程制度化相关的实践，包括计划过程、分配职责。特殊目标、特殊实践、通用目标和通用实践都在第 3 章中有详细描述。

子实践、典型工作产品

通用实践和特殊实践都由信息组件支持，如子实践、典型工作产品和例子。这些信息组件支持有助于帮助用户理解这些实践并且更加具体。本书并不提供这些信息组件，这些可以在 TMMi 完整文档中找到。

必需组件、期望组件和信息组件

一个过程域的不同组件有不同的意义。特殊目标和通用目标都是必需组件。必需组件描述要满足某一过程域组织必须要达到什么。达到是指可见且一致地在组织的过程中得到落实。

实践是期望组件。期望组件描述一个组织为了达到必需组件的要求而通常会实践什么。在考虑目标被达到之前，所描述的实践或者其他可接受的实践必须显现在已计划或在执行的组织过程中。

只有目标是正式的要求，是必须要满足的。实践是为达到目标的一些建议。信息组件只提供信息，并没有被标注成是必需组件或期望组件。信息组件提供详细信息，帮助组织开始思考用何种方式来达到期望和必需组件。

2.4 通用组件和特殊组件的关系

正如 2.3 节所阐述，通用目标和通用实践都适用于所有的流程。通用目标描述了使得一个过程域的过程得以制度化而必须呈现的特性。一个制度化的过程已经嵌入业务过程中，一个组织会把它当作组织文化的一部分。对于一个制度化的过程，执行该过程的员工会把它看作标准工作方式，所以管理层也会对这种工作方式表示认同，并且一直如此执行。即使是在压力下（如时间压力），该过程也会得到执行。

TMMi 识别了两个级别的通用目标——通用目标 2 及通用目标 3。注意，CMMI 的通用目标 1 是要达到特殊目标，这里并没有将其考虑在内，因为这一通用目标与 CMMI 的连续表达方式相关而与阶段式表达方式无关。相同的原因也适用于 CMMI 通用目标 4 和通用目标 5。这些通用目标也仅仅与连续的表达形式相关，而与 TMMi 的阶段式表达方式无关。和特殊目标一样，通用目标通过通用实践来加以说明。

通用目标 2 确保已管理过程的制度化。一个已管理的过程是生产工作产品所必须满足的工作。它是基于方针来计划和执行的，雇用有相应技能的人员，并且有充足的资源来实现产出可控。一个已管理的过程需要利益相关人的参与、监督和控制，通过主观评审来评估是否与过程描述相符。一个过程可能由一个项目、一个小组或组织的一个单元来例证。每个项目对于通用目标 2 的实施可以是不同的。制度化的过程在项目的级别有所体现。

通用目标 2 也确保了一个已定义的过程的制度化。一个已定义的过程维护对过程的描述，将产品、度量和其他改进信息贡献给组织过程资产。已管理的过程和已定义的过程的一个关键不同之处在于它们应用过程描述、标准、规程的范围不同。对于已管理的过程，描述、标准和规程都应用在个别的项目、小组或组织单元，抑或是组织的一个职能之上。结果会导致已管理的过程在同一组织的两个不同的项目中的应用不同。对于已定义的过程，需要整个组织尽量保持标准化，只在特定的项目或组织功能上基于裁剪指南进行调整。通用目标 2 和 3 都会在第 3 章进行详细阐述。

要达到的目标成熟度级别决定了哪些通用目标和实践是适用的。当试图达到成熟度级别 2 级时，成熟度 2 级的过程域、通用目标和伴随的通用实践都是适用的。如前所述，TMMi 2 级在不同项目的实施可以不同。通用目标 3 仅适用于要达到成熟度 3 级或更高级别的情况。这意味着在达到成熟度 2 级的评分后，若要达到 3 级的评级，组织就必须重新审视成熟度级别 2 的过程域，并将通用目标 3 和相应的实践应用到每个过程域。在实践中，这意味着 TMMi 2 级的所有过程域都必须在整个组织范围内重新定义方式和实践。表 2.1 对此进行了展示和总结。

表 2.1　　过程域、特殊目标和通用目标

<table>
<tr><th>过　程　域</th><th>成熟度级别</th><th>特殊目标</th><th>通用目标 GG2</th><th>通用目标 GG3</th></tr>
<tr><td>测试方针与测试策略</td><td>2</td><td colspan="2" rowspan="5">目标
成熟度级别 2 级</td><td rowspan="5"></td></tr>
<tr><td>测试计划</td><td>2</td></tr>
<tr><td>测试监督与控制</td><td>2</td></tr>
<tr><td>测试设计与执行</td><td>2</td></tr>
<tr><td>测试环境</td><td>2</td></tr>
</table>

续表

<table>
<tr><th>过 程 域</th><th>成熟度级别</th><th>特殊目标</th><th>通用目标 GG2</th><th>通用目标 GG3</th></tr>
<tr><td>测试组织</td><td>3</td><td colspan="3" rowspan="5">目标
成熟度级别 3 级</td></tr>
<tr><td>测试培训方案</td><td>3</td></tr>
<tr><td>测试生命周期与集成</td><td>3</td></tr>
<tr><td>非功能性测试</td><td>3</td></tr>
<tr><td>同行评审</td><td>3</td></tr>
<tr><td>测试测量</td><td>4</td><td colspan="3" rowspan="3">目标
成熟度级别 4 级</td></tr>
<tr><td>产品质量评估</td><td>4</td></tr>
<tr><td>高级同行评审</td><td>4</td></tr>
<tr><td>缺陷预防</td><td>5</td><td colspan="3" rowspan="3">目标
成熟度级别 5 级</td></tr>
<tr><td>质量控制</td><td>5</td></tr>
<tr><td>测试过程优化</td><td>5</td></tr>
</table>

第 3 章　TMMi 过程域、通用目标和实践

3.1　概述

本章主要描述 TMMi 过程域的目的，以及通用目标、通用实践、特殊目标和特殊实践。模型的完整版可以从 TMMi 基金会的网站上免费下载。

本章的第一部分展示的是通用目标和通用实践，后面有每个过程域的目的、特殊目标和特殊实践。通用目标表示为 GG 并且标有唯一的编号，GP 表示通用实践，SG 表示特殊目标，SP 表示特殊实践。本书解释了通用目标和通用实践，而没有解释特殊目标和特殊实践。解释通用目标和实践的意义有二。其一，TMMi 与其他测试改进模型的不同之处是注重制度化，因为这可以确保改进是长期的而非短期的工作，从长期来看其已变成组织过程的一部分。其二，在评阅本书的过程中发现，TMMi 的读者特别需要在这些方面有更多的背景信息和阐述。

TMMi 文档详细描述了目标和实践。例如，对于每个实践都明确 TMMi 的若干个信息组件。例如，典型工作产品和子实践。这些组件并不是必须的和期望的，而仅仅是作为说明的手段。TMMi 的信息组件因为篇幅巨大而并不包括在本书中，但是强烈建议读者将其作为背景资料来辅助阅读。

成熟度级别所要求的特殊过程域已经包括在 3.3 节内。

3.2　通用目标和通用实践

TMI　01A

GG 2　制度化已管理过程

制度化已管理过程

一个已管理的过程是生产工作产品所必须满足的工作。它是基于方针来计划和执行的，雇用有相应技能的人员，并且有充足的资源来使产出可控，使利益相关人参与、监督和控制，通过主观评审来评估是否与过程描述相符。

一个过程可能由一个项目、一个小组或组织的一个单元来例证。已管理过程的控制可以保证即使在时间压力下，过程也会得到执行。

GP 2.1 建立组织方针

为规划和实施测试计划过程，建立和维护一个组织方针

该通用实践的目的是定义组织对过程的期望，并且使组织内受这些期望影响的人了解它们。通常高层管理者有责任建立和沟通组织的指导性原则、方向和期望。

GP 2.2 计划过程

为执行测试计划过程建立和维护计划

该通用实践的目的是，为了实现已经建立的目标，要执行哪些活动，准备执行过程的一个计划，并通过利益相关人对计划的评审来达成一致。

GP 2.3 提供资源

给执行测试计划过程、开发测试工作产品以及提供过程所定义的服务提供充足的资源

这个通用实践的目的是确保计划中所定义的资源在执行计划时是可用的。资源包括充足的资金、适当的基础设施、技术人员和适合的工具。

GP 2.4 分配责任

为执行测试计划过程、开发工作产品以及提供服务分配职责和权限

该通用实践的目的是在整个生命周期的过程中，确保有人负责和能够达成具体的结果。指定的人员必须要有恰当的权力来执行已分配的职责，可以通过具体的工作描述或功能性的文档来分配职责，如执行过程的计划。

GP 2.5 培训人员

根据需要，培训执行或支持测试计划过程的人员

该通用实践的目的是确保人员具有必要技能和专业知识来执行或支持过程。要为执行工作的人员提供适当的培训；概述培训也要提供给与执行过程人员工作上有交互的人。培训可以传授执行过程所需要的知识和技能，使人们对于过程有一致的认识，从而使执行过程更成功。

GP 2.6 管理配置

将测试计划过程中指定的工作产品置于相应级别的配置管理下

该通用实践的目的是，在整个工作产品被使用的生命周期里建立和维护指定工作产品的完整性。执行这一过程，指定的工作产品在计划中被识别出来，与配置管理级别的具体要求保持一致，如版本管理或正式配置管理所使用的基线。

例如，配置管理实践包括版本控制、变更历史和控制、状态确认和使用。可以参照 CMMI 的配置管理来获取更多的置于工作产品上的配置管理信息。

GP 2.7 识别并引入利益相关人

依计划识别并引入利益相关人参与测试计划过程

该通用实践的目的是，在执行这一过程时，建立和维护利益相关人的预期参与度。在不同的活动中引入利益相关人，如计划、决策、建立承诺、沟通、展开评审和解决问题。在测试过程中的关键利益相关人包括经理和客户。

经理角色参与的活动包括承诺、执行活动的能力和关于改善测试能力的任务。客户角色参与的活动包括提供支持和偶尔参与测试执行活动。客户会参与到质量相关的活动中，以及涉及用户需求的任务中。这种互动的重点是征求客户支持，达成共识，参与诸如产品风险分析、验收测试和可能的可用性测试。

根据不同的测试级别，开发人员也可能会成为测试活动的利益相关人。例如，在组件测试级别中，开发人员通常会执行测试活动；但是在确认测试级别中，开发人员会参与讨论所发现的缺陷，商讨入口标准等。

GP 2.8 监督和控制过程

根据计划监督、控制测试计划过程，以执行过程并采取适当的行动

该通用实践的目的是直接执行对测试的日常监控。对测试过程要有充足的可视性，需要时就可以执行恰当的改正性措施。监督和控制过程包括对恰当的测试过程属性，以及对测试过程工作产品的测量。参照 CMMI 中度量和分析过程域，来获取相关信息。

GP 2.9 客观评价一致性

对照过程的描述、标准和规程，客观地评估过程并强调任何不相符的部分

该通用实践的目的是提供可靠的保证，使过程按计划完成，并遵循它的过程描述、标准和规程。通常评估一致性的人员并不直接负责管理或执行测试过程活动。在许多情况下，一致性虽然是在组织内评估的，但是参与的人员是在测试过程或项目外。关于客观评价一致性的更多信息，请参见CMMI中过程和产品质量保证过程域。

GP 2.10 与高层管理者评审状态

与更高层管理者评审测试计划过程的活动、状态和结果，并解决问题

该通用实践的目的是为高层管理者提供关于过程的恰当洞见。高层管理者包括组织中层管理，即负责执行过程的人以上的管理者。这些管理者不是那些直接执行日常监督和控制过程的人，他们只提供对方针和过程的总体指导。

GG 3 制度化已定义过程

制度化已定义的过程

已定义的过程是根据组织的裁剪准则，从组织的一系列标准过程中定制的管理过程。已定义的过程有过程维护的描述，并将工作产品、度量和其他过程改进信息贡献给组织过程资产（库）。

已管理的过程和已定义的过程的关键区别是过程描述、标准和过程的应用范围。对于已管理过程，描述、标准和规程适用于特定的项目、小组或组织功能。因此，两个项目在一个组织中的管理过程可能是不同的。已定义的过程在组织中要尽可能地标准化，只有在特定的项目或组织功能要求的基础上，才能根据已发布的裁剪指南进行调整。

GP 3.1 建立已定义过程

建立和维护已定义的过程的描述

该通用实践的目的在于建立和维护为满足某种特定案例的需要，自组织标准过程裁剪后的过程的描述。组织应该有一套涵盖过程域的标准过程与裁剪指南，可以依据项目或组织功能的需要来裁剪标准过程。有了已定义过程，过程在整个组织的执行的差异会被减少，过程资产、数据和学到的经验可以更有效地被分享。有关组织标准过程和裁剪指南的更多信息，请参见 CMMI 中组织过程定义过程域。

GP 3.2 搜集改进信息

收集源自计划和执行过程的工作产品、测量和测量结果以及改进信息用以支持未来的使用，以及组织过程和过程资产的改进

该通用实践的目的是搜集源于计划和执行过程的信息和工作产品，支持组织过程和过程资产今后的使用和改进。相关信息和产品被储存，并可以提供给正在（或将要）做计划、执行相同或相似过程的人使用。

3.3 特殊目标和特殊实践

PA 2.1 测试方针与测试策略

测试方针与测试策略过程域的目的是，开发和建立测试方针、在测试级别已明确定义的组织范围或项目群范围内开发和建立测试策略，引入测量测试性能及测试性能指标。

SG 1 建立测试方针

测试方针与业务（质量）方针一致，由利益相关人制定并达成一致。

SP 1.1 定义测试目标

基于业务需求和目标来定义和维护测试目标。

SP 1.2 定义测试方针

测试方针与业务（质量）方针一致，由利益相关人制定并达成一致。

SP 1.3 分发测试方针给利益相关人

将测试方针和目标介绍并解释给测试内部和外部的利益相关人。

SG 2 建立测试策略

在已识别和已定义测试级别的组织范围或项目群范围内，建立和部署测试策略。

SP 2.1 执行通用产品风险评估

执行通用产品风险评估，以识别需要测试的典型关键区域。

SP 2.2 定义测试策略

识别和定义测试级别，以定义测试策略，包括对每个等级定义目标、职责、主要任务、入口准则及出口准则等。

SP 2.3 分发测试策略给利益相关人

将测试策略展示给测试内部和外部的利益相关人，并与他们进行讨论。

SG 3 建立测试性能指标

建立和部署一套目标导向的测试过程性能指标，以测量测试过程的质量。

SP 3.1 定义测试性能指标

测试性能指标在测试方针和目标的基础上定义，包括一个用于数据收集、存储和分析的规程。

SP 3.2 部署测试性能指标

部署测试性能指标，并向利益相关人提供已确定的测试性能指标的测量结果。

PA 2.2 测试计划

测试计划的目的是基于已识别风险和已定义测试策略

来定义一套测试途径，并为执行和管理测试活动建立和维护良好基础的计划。

SG 1 执行产品风险评估

执行产品风险分析来识别测试的关键领域。

SP 1.1 定义产品风险类别清单和参数

定义将在产品风险分析过程中使用到的产品风险类别和参数。

SP 1.2 识别产品风险

识别和记录产品风险。

SP 1.3 分析产品风险

使用已定义的产品风险类别和参数，对产品风险进行评估、分类和优先级排序。

SG 2 建立测试途径

基于已识别的产品风险来建立测试途径，并对测试途径达成一致。

SP 2.1 识别需要的测试项和特性

基于产品风险来识别哪些测试项及特性是要测

试的，哪些是不必测试的。

SP 2.2 定义测试途径

定义测试途径，以缓解已识别的、已经排定优先级的产品风险。

SP 2.3 定义入口准则

定义测试的入口准则，以防止测试在不允许进行完全测试的情况下展开。

SP 2.4 定义出口准则

定义测试的出口准则，以决定什么时候测试可以完成。

SP 2.5 定义暂停和恢复准则

定义用于暂停和恢复全部或部分被测项和被测特征的标准。

SG 3 建立测试估算

建立并维护有充分根据的测试估算，用于与利益相关人讨论测试方法和计划测试活动。

SP 3.1 建立顶层工作分解结构

建立顶层的工作分解结构（WBS），以明确界定要执行的测试范围以及测试估算的范围。

SP 3.2 定义测试生命周期

定义测试生命周期阶段来限定计划的工作量。

SP 3.3 定义测试工作量和成本的估算

根据估算原则，为要创建的测试工作产品以及要执行的测试任务估算测试工作量和成本。

SG 4 开发测试计划

建立和维护测试计划，以之作为管理测试和与利益相关人沟通的基础。

SP 4.1 建立测试日程表

基于已开发的测试估算和已定义的测试生命周期，来建立和维护规模可管理的预定义阶段的测试日程表。

SP 4.2 计划测试人员

计划人力资源的可用性。这些人员具有执行测试所必需的知识和技能。

SP 4.3 计划利益相关人的参与

创建已识别的利益相关人的参与计划。

SP 4.4 识别测试项目的风险

与测试相关的测试项目风险被识别、分析和文档化。

SP 4.5 建立测试计划

建立和维护测试计划，并将它作为测试的指导和与利益相关人沟通的基础。

SG 5 获得对测试计划的承诺

建立和维护对测试计划的承诺。

SP 5.1 评审测试计划

评审那些会影响测试完成和理解测试承诺的测试计划（和其他可能的计划）。

SP 5.2 协调工作和资源水平

评审测试计划，必要时调整测试计划，以反映可用的和已估算的资源。

SP 5.3 获得测试计划的承诺

从负责实施和支持测试计划执行的利益相关人处获得承诺。

PA 2.3 测试监督与控制

测试监督与控制的目的是了解测试进展和产品质量。当测试进展明显偏离计划或产品质量明显偏离预期时，可以采取适当的纠正措施。

SG 1 根据计划监督测试进度

对照测试计划来监督测试实际进程与性能表现。

SP 1.1 监督测试计划参数

根据测试计划，监督测试计划中的参数与实际值的对比（如测试成本、交付时间、测试用例数及小时数）。

SP 1.2 监督测试环境资源的提供与使用

对照计划，监督测试环境资源的提供与使用。

SP 1.3 监督测试承诺

对照测试计划已识别的测试承诺，监督它们的实现情况。

SP 1.4 监督测试项目的风险

监督测试计划中已经识别的风险与现实项目中的风险。

SP 1.5 监督利益相关人的参与

对照计划，监督利益相关人的实际参与和期望参与情况。

SP 1.6 执行测试进度评审

定期评审测试进度、性能和问题。

SP 1.7 执行测试过程里程碑评审

在已选定的测试里程碑里，监督评审测试的完成情况和进度。

SG 2 根据计划和预期监督产品质量

根据项目计划和质量期望中定义的质量测量来监督产品的实际质量，例如客户所定义的相关内容。

SP 2.1 根据入口准则检查

在测试执行阶段开始时，检查测试计划中定义的入口准则的状态。

SP 2.2 监督缺陷

对照预期，监督在测试过程中发现缺陷的度量。

SP 2.3 监督产品风险

监督测试计划中识别的产品风险。

SP 2.4 监督出口准则

根据测试计划中的规定，监督出口准则的状态。

SP 2.5 监督暂停和恢复标准

根据测试计划中的规定，监督暂停和恢复标准的状态。

SP 2.6 进行产品质量评审

定期评审产品质量。

SP 2.7 进行产品质量里程碑评审

评审选定的测试里程碑产品质量状态。

SG 3 管理纠正措施直到关闭

测试过程中，产品质量与测试计划或预期明显偏离时，管理纠正措施直至关闭。

SP 3.1 分析问题

搜集和分析问题，并决定必要的纠正措施来解决问题。

SP 3.2 采取纠正措施

对发现的问题采取纠正措施。

SP 3.3 管理纠正措施

管理纠正措施直至关闭。

PA 2.4 测试设计与执行

测试设计与执行的目的是，通过建立测试设计规格，使用测试设计技术，实施结构化测试执行过程，以及管理测试事件直至关闭，来提高在测试设计与执行期间测试过程的能力。

SG1 使用测试设计技术执行测试分析与设计

在测试分析与设计阶段，使用测试设计技术，将测试途径转化为有形的测试条件和测试用例。

SP 1.1 识别并给测试条件做优先级排序

基于对测试依据中测试项的分析，使用测试分析技术来识别测试条件，并为它们排定优先级。

SP 1.2 识别并给测试用例做优先级排序

使用测试设计技术识别并设置测试用例的优先级。

SP 1.3 识别必要的具体测试数据

识别必要的具体测试数据，以支持测试条件和测试用例的执行。

SP 1.4 维护需求的横向可跟踪性

维护从需求到测试条件的横向可跟踪性。

SG 2 执行测试实施

开发并区分测试规程优先级次序，包括预测试。在此阶段，创建测试数据，定义测试执行日程表。

SP 2.1 开发并为测试规程的优先级排序

开发测试规程并设置优先级。

SP 2.2 创建具体测试数据

在测试分析与设计活动中创建具体的测试数据。

SP 2.3 指定预测试规程

指定预测试，这个测试有时候会被叫作可信度测试或者冒烟测试。它用来决定在测试执行的开始阶段测试对象是否已经可以进行详细的、进一步的测试。

SP 2.4 制定测试执行日程表

制订测试执行日程表，描述执行测试规程的顺序。

SG 3 进行测试执行

根据之前制定的测试规程和测试日程表执行测试，报告事件并编写测试日志。

SP 3.1 执行预测试

执行预测试（可信度测试）来决定测试对象是否准备好进行详细的和进一步的测试。

SP 3.2 执行测试用例

使用已定义的执行日程，根据测试规程手动执行测试用例，或使用测试脚本自动化执行测试用例。

SP 3.3 报告测试事件

当实际结果和预期结果之间出现差异时，报告测试事件。

SP 3.4 编写测试日志

编写测试日志，以提供一个按时间先后顺序排列的、关于测试执行的详细记录。

SG 4 管理测试事件直到关闭

管理并恰当地解决测试事件。

SP 4.1 在配置控制委员会中决定事件的处理

由配置控制委员会（CCB）决定关于解决测试事件的适当行动。

SP 4.2 执行适当的行动以修正测试事件

采取适当的行动来修正、重新测试和关闭测试事件。

SP 4.3 跟踪测试事件的状态

跟踪测试事件的状态，并且在需要时采取适当的行动。

PA 2.5 测试环境

测试环境的目的是：建立和维护一个适当的环境，包括测试数据，使我们以可管理和可重复的方式执行测试成为可能。

SG 1 开发测试环境需求

搜集利益相关人的要求、期望和约束，并转化为测试环境需求。

SP 1.1 获取测试环境需求

获取测试环境，包括通用测试数据、要求、期望和约束。

SP 1.2 开发测试环境需求

将测试环境需要转化为排定了优先级的测试环境需求。

SP 1.3 分析测试环境需求

分析需求以确保它们是必需的、充足的和可行的。

SG 2 执行测试环境实施

实施测试环境需求，使测试环境在测试执行期间可用。

SP 2.1 实施测试环境

依照定义的计划，实施测试环境需求规格中指定的测试环境。

SP 2.2 创建通用测试数据

创建在需求规格中指定的通用测试数据。

SP 2.3 指定预测试规程的测试环境

预测试（进行可信度测试）测试环境，用来决定被指定的测试环境是否准备好进行测试。

SP 2.4 执行预测试

执行测试环境预测试（可信度测试）来决定测试环境是否准备好进行测试。

SG 3 管理和控制测试环境

测试环境需要被管理和控制，以允许不间断的测试执行。

SP 3.1 执行系统管理

在测试环境中执行系统管理，以有效和高效地支持测试执行过程。

SP 3.2 执行测试数据管理

管理和控制测试数据，以有效和高效地支持测试执行过程。

SP 3.3 协调测试环境的可用性及使用

在多组使用测试环境时，要充分协调测试环境的可用性和使用情况，以达到使用效率的最大化。

SP 3.4 报告和管理测试环境事件

在使用测试环境过程中，发生的问题应被正式报告并作为事件管理，直至关闭。

PA 3.1 测试组织

测试组织过程域的目的是确定和组建一组技能高超的人员负责测试工作。此外，这个组织还根据他们对组织当前测试过程和测试过程资产的优缺点的深入了解，对组织的测试过程加以改进以及对测试过程资产进行管理。

SG 1 建立测试组织

定义和建立一个可以支持项目和组织测试实践的测试组织。

SP 1.1 定义测试组织

定义一个测试组织，并且得到利益相关人的一致同意。

SP 1.2 为测试组织获得承诺

建立并维护实施和支持测试组织的承诺。

SP 1.3 实施测试组织

根据承诺的测试组织的定义，在组织中实施测试组织过程域。

SG 2 为专家建立测试职能

为测试专业人员，建立和指定涵盖在工作描述里的测试职能。

SP 2.1 识别测试职能

识别一系列适当的测试职能。

SP 2.2 开发职位描述

开发已经定义了识别的测试职能的工作描述。如有必要，对非测试专业人员的当前的工作描述，也可以适当再增添典型的测试任务和责任。

SP 2.3 为测试职能分配测试人员

为测试组成员分配测试职能。

SG 3 建立测试职业发展路径

建立测试职业发展路径，以便测试人员提升他们的知识、技能、状态和报酬。

SP 3.1 建立测试职业路径

定义测试职业路径，使得测试人员可以不断进行职业提升。

SP 3.2 开发个人测试职业发展计划

测试组的每个测试人员都有个人职业发展计划，且该计划得到维护。

SG 4 确认、计划和实施测试过程改进

定期或者根据需要确定组织测试过程的优缺点及改进机会。计划和实施强调优化过程的变更。

SP 4.1 评估组织的测试过程

定期评估组织的测试过程以维持对其优缺点的理解。

SP 4.2 识别组织测试过程改进

识别组织过程及过程资产适宜的改进。

SP 4.3 计划测试过程改进

计划改进组织测试过程及测试过程资产的行动。

SP 4.4 实施测试过程改进

实施测试过程改进计划中的测试过程改进。

SG 5 部署组织测试过程，同时吸纳经验、教训

在整个组织范围内，部署组织的标准测试过程和测试过程资产，测试过程相关的经验已合并到组织测试过程及测试过程资产中。

SP 5.1 部署标准测试过程和测试过程资产

标准测试过程和测试过程资产已在整个组织范围内部署，特别是在项目启动的时候，在每个项目生命周期内适当地部署变更。

SP 5.2 监督实施

监督组织标准测试过程的实施，以及测试过程资产在项目中的使用。

SP 5.3 将经验、教训纳入组织测试过程中

计划和执行测试过程所取得的经验、教训已纳入组织的标准测试过程和测试过程资产中。

PA 3.2 测试培训方案

测试培训方案的目的是开发一个培训体系，该体系将致力于开发员工的知识与技能，从而使测试任务能够得到高效执行。

SG 1 建立组织测试培训能力

建立和维护支持组织测试角色的培训能力。

SP 1.1 识别战略测试培训需求

识别和维护组织的测试培训的战略需求。

SP 1.2 保持组织和项目的测试培训需求一致

保持组织和项目的测试培训需求一致，并且确定哪些培训需求是组织的职责，哪些培训需求将由项目自行解决。

SP 1.3 建立一个有组织的测试培训计划

建立和维护一个有组织的测试培训计划。

SP 1.4 建立测试培训能力

建立和维护测试培训能力，从而解决组织培训需求并且支持项目特定的培训需求。

SG 2 提供测试培训

为测试人员及其他参与测试的个人提供有效地执行其工作所必需的培训。

SP 2.1 交付测试培训

根据组织培训计划提供培训。

SP 2.2 建立测试培训记录

创建和维护组织级别的测试培训记录。

SP 2.3 评估测试培训有效性

评估测试组织培训方案的有效性。

PA 3.3 测试生命周期与集成

测试生命周期与集成的目的是，建立和维护一个易用的组织测试过程资产集（例如一个标准的测试生命周期）和工作环境标准，并将测试生命周期与开发生命周期集成和同步。集成的生命周期将确保测试在项目中尽早参与。测试生命周期与集成的目的是在已确定的风险和所定义的测试策略基础上，定义一个在多个测试级别上的一致的测试途径，并且在已定义的测试生命周期的基础上建立一个总体测试计划。

SG 1 建立组织的测试资产

建立和维护组织测试过程资产集。

SP 1.1 建立标准测试过程

建立和维护组织标准测试过程集。

SP 1.2 建立涵盖所有测试级别的测试生命周期模型的描述

批准和维护测试生命周期模型描述（包括支持测试交付物的模板及指南），在组织内使用并确保描述中涵盖所有已识别的测试级别。

SP 1.3 建立裁剪标准和指南

建立和维护组织标准测试过程集的裁剪标准和指南。

SP 1.4 建立组织测试过程数据库

建立和维护组织的标准测试过程数据库。

SP 1.5 建立组织测试过程资产库

建立和维护组织的测试过程资产库。

SP 1.6 建立工作环境标准

建立和维护工作环境标准。

SG 2 集成测试生命周期和开发模型

测试生命周期和开发生命周期在阶段、里程碑、交付物和活动方面的集成，保证测试尽早参与到项目中。

SP 2.1 建立已集成的生命周期模型

建立和维护测试和开发生命周期集成模型描述，得到批准并允许在组织中使用。

SP 2.2 评审已集成的生命周期模型

和利益相关人一起评审已集成的生命周期模型，从而促进他们对测试角色在已集成的测试和开发生命周期模型中的作用的理解。

SP 2.3 获得已集成的生命周期模型中对测试角色的承诺

在已集成的生命周期模型的项目中，从负责管理、执行和支持活动的利益相关人那里获得已集成的生命周期模型中对测试角色的承诺。

SG 3 建立主测试计划

建立主测试计划来定义横跨多个测试级别的连贯的测试方法以及整体测试计划。

SP 3.1 执行产品风险评估

执行产品风险评估，识别典型的测试关键区域。

SP 3.2 建立测试途径

建立测试途径，并就如何降低所识别的产品风险及对风险优先级取得一致。

SP 3.3 建立测试估算

建立和维护有充分根据的测试估算，用于和利益相关人讨论测试途径，以及计划测试活动。

SP 3.4 定义测试组织

定义不同级别测试的组织，包括与其他过程的接口，以建立对不同部门期望的清晰概述。

SP 3.5 开发主测试计划

建立和定义主测试计划，明确横跨多个测试级别的连贯的测试途径。

SP 3.6 获得对主测试计划的承诺

建立和维护对主测试计划的承诺。

PA 3.4 非功能性测试

非功能测试过程域的目的是，提高测试过程能力，从而在测试计划、设计和执行的时候考虑到非功能测试。它是通过定义基于已识别的非功能产品风险的测试途径，建立非功能测试规格，以及执行一个专注于非功能测试的结构化的测试过程。

SG 1 执行非功能性产品风险评估

执行产品风险评估来识别非功能性测试的关键领域。

SP 1.1 识别非功能性产品风险

识别并记录非功能性产品风险。

SP 1.2 分析非功能性产品风险

使用预定义的分类及参数对非功能性产品风险进行评估、分类及优先级排序。

SG 2 建立非功能性测试途径

根据识别的非功能性产品风险，确定非功能性测试途径，并且就此测试方法达成一致。

SP 2.1 识别要测试的非功能特性

基于非功能性产品风险，识别要测试和不要测试的非功能特性。

SP 2.2 定义非功能性测试途径

定义测试途径来缓解已识别和已排优先级的非功能性产品的风险。

SP 2.3 定义非功能性测试的出口标准

定义非功能性测试的出口标准，用以计划何时停止测试。

SG 3 执行非功能性测试分析与设计

在测试分析和设计时，非功能性测试的测试途径被转成有形的测试条件和测试用例。

SP 3.1 识别非功能性测试的测试条件并确定优先级

针对测试依据中指定的非功能性特性，识别测试条件并排列优先级。

SP 3.2 识别非功能性测试的测试用例并确定优先级

基于已定义的测试条件，识别非功能性测试用例并确定优先级。

SP 3.3 识别必要的具体测试数据

识别支持非功能性测试条件和测试用例的必要的具体测试数据。

SP 3.4 维护非功能性需求的横向跟踪

维护非功能性需求与非功能性测试条件间的横向跟踪。

SG 4 执行非功能性测试实施

开发非功能性测试规程并且确定优先级。

SP 4.1 开发非功能性测试规程并做优先级排序

开发非功能性测试的规程并做优先级排序。

SP 4.2 创建具体测试数据

创建具体测试数据，以支持测试分析和设计活动指定的非功能性测试。

SG 5 执行非功能性测试

根据之前定义的测试规程执行非功能性测试，报告事件并且记录测试日志。

SP 5.1 执行非功能性测试用例

应用文档化的测试规程，手工执行或自动化运行测试脚本，执行非功能性测试用例。

SP 5.2 报告测试事件

报告非功能性测试事件，即报告实际与期望结果之间的差异。

SP 5.3 编写测试日志

编写测试日志，按时间顺序记录与非功能性测试执行相关的细节。

PA 3.5 同行评审

同行评审过程域的目的是，验证工作产品是否满足指定的需求并且尽早而有效地消除选定的工作产品中的缺陷。其重要的必然结果是使工作产品被更好地理解，并且可能预防更多的缺陷。

SG 1 建立同行评审的途径

建立同行评审途径并就此达成共识。

SP 1.1 识别要评审的工作产品

识别要评审的工作产品，包括评审类型和要参与的关键人（利益相关人）。

SP 1.2 定义同行评审准则

定义和维护同行评审的进入和退出准则，为对选定的工作产品进行同行评审做准备。

SG 2 执行同行评审

对选定的工作产品执行同行评审，分析同行评审数据。

SP 2.1 执行同行评审

对选定的工作产品执行同行评审，分析同行评审数据。

SP 2.2 测试人员评审测试依据文档

测试人员评审测试依据文档。

SP2.3 分析同行评审数据

对同行评审的准备、执行和评审结果数据进行分析。

PA 4.1 测试测量

测试测量的目的是，确认、搜集、分析和应用测量结果，以支持一个组织对测试过程的效果和效率、测试人员生产率、产品质量、测试改进的结果进行客观评价。同样，测试组织将会形成和维持测试测量能力，以支持管理信息需求。

SG 1 使测试测量和分析活动一致

测试测量目标和活动与确定的信息需求和目标要保持一致。

SP 1.1 建立测试测量目标

根据确定的信息需求和业务目标，建立和维护测试测量目标。

SP 1.2 指定测试测量

指定测试测量，使之符合测量目标。

SP 1.3 指定数据搜集和存储规程

明确搜集方法，以确保正确的数据被搜集起来。指定存储和检索规程，以确保数据在未来是可用的和可访问的。

SP 1.4 指定分析规程

预先指定数据分析规程，以确保可以进行适当地分析，并且可以报告可靠的测试测量数据，来满足已记录的测试测量目标（以及基于测试测量目标的信息需求和目标）。

SG 2 提供测试测量结果

提供已定义的信息需求和目标的测试测量结果。

SP 2.1 搜集测试测量数据

获得用于分析的必要的测试测量数据，并检查其完全性和完整性。

SP 2.2 分析测试测量数据

按计划分析搜集到的测试测量数据，如有必要，还可进行更多的分析。

SP 2.3 沟通结果

将测试测量活动的结果传达给所有利益相关人。

SP 2.4 存储数据和结果

存储和管理测试测量数据、测量规范和分析结果。

PA 4.2 产品质量评估

产品质量评估过程域的目的是，开发一个对产品质量的量化理解，从而支持特定项目的产品质量目标的达成。

SG 1 为产品质量及其优先级建立可测量的项目目标

为产品质量建立和维护一组可测量并已经设置优先级的项目目标。

SP 1.1 识别产品质量需求

识别并优化项目产品质量需求。

SP 1.2 定义项目的量化产品质量目标

在项目的产品质量需求基础上，定义项目的量化产品质量目标。

SP 1.3 定义测量项目产品质量目标进度的途径

定义测量已定义产品质量目标集完成度的途径。

SG 2 实现项目的产品质量目标的实际进度被量化和被管理

监督项目，以决定项目的产品质量目标是否会被满足，并且根据情况确定纠正措施。

SP 2.1 在整个生命周期内量化测量产品质量

在已定义的方法的基础上，在整个生命周期内对项目交付的产品和工作产品的质量进行量化测量。

SP 2.2 分析质量测量，并将它们与产品的量化目标相比较

按照事件驱动，定期分析（临时的）产品质量测量，并与项目的（临时）产品质量目标相比较。

PA 4.3 高级同行评审

在TMMi 3级过程域同行评审的基础上，高级同行评审的目的是，在生命周期的早期测量产品质量，并通过使用同行审查（静态测试）和动态测试一致性来增强测试策略和测试途径。

SG 1 协调同行评审途径与动态测试途径

使同行评审（静态）的方法与动态测试方法相一致和协调。

SP 1.1 关联工作产品与要测试的项和特性

根据测试途径，识别与要测试项和特性相关的

工作产品。

SP 1.2 定义协调测试途径

定义一个测试途径来协调静态和动态测试。

SG 2 通过同行评审在生命周期早期测量产品质量

在生命周期早期，通过同行评审的方式，根据设置标准测量产品质量。

SP 2.1 定义同行评审测量指南

作为一种测量实践，定义和记录支持同行评审的指南。

SP 2.2 基于产品质量目标定义同行评审

基于项目的（临时的）产品质量目标，定义同行评审准则，尤其是量化出口准则。

SP 2.3 使用同行评审来测量工作产品质量

在生命周期的早期，使用同行评审测量工作产品的质量。

SG 3 基于生命周期早期的评审结果调整测试途径

基于生命周期早期的评审结果，适当调整测试途径。

SP 3.1 分析同行评审结果

根据计划，分析已搜集的产品质量的同行评审测量数据。

SP 3.2 根据情况修改产品风险

基于对工作产品质量的同行评审的测量数据，使用预定义的类别和参数对产品风险进行重新评估，并重新区分优先级。

SP 3.3 根据情况修改测试途径

在已识别的产品风险的基础上，根据情况适当地修改测试途径，并达成一致。

PA 5.1 缺陷预防

缺陷预防过程域的目的是，识别并分析开发生命周期中出现缺陷的常见原因，并定义行动来防止类似的缺陷在将来再次发生。

SG 1 确定出现缺陷的常见原因

系统地确定已选定缺陷出现的根本原因和常见原因。

SG 2 定义并优先化措施，以系统消除缺陷根本原因

定义行动并区分优先级，以系统地解决缺陷出现的根本原

因和常见原因。

PA 5.2 质量控制

质量控制过程域的目的是统计化地管理和控制测试过程。在这个级别，测试过程性能是完全可预测的，并在可接受的范围内是稳定的。在代表性样本的基础上，使用统计方法来执行项目级别的测试，以预测产品质量并使测试更加高效。

SG 1 建立统计控制的测试过程

建立一个统计控制的测试过程，建立和维护组织标准测试过程所预期的测试过程性能的基线和模型。

SG 2 使用统计方法来执行测试

使用基于操作或使用画像的统计方法来设计和执行测试（例如抽样、错误撒播）。

PA 5.3 测试过程优化

测试过程优化的目的是，连续改进组织中使用的已有测试过程，确定适合的新的测试技术（如测试工具或测试方法），并将它们有序地过渡到组织中。测试过程化也支持整个组织的测试资产被重新利用，改进支持组织的产品质量和来自组织业务目标的测试过程性能目标。

SG 1 选择测试过程改进

选择那些有助于满足产品质量和测试过程性能目标的测试过程改进。

SG 2 评估新测试技术，以确定它们对测试过程的影响

识别和选择新测试技术，如工具、方法、技术或技术创新，并对其进行评估，以确定它们对组织标准测试过程的质量和性能的影响。

SG 3 部署测试改进

在整个组织中部署测试过程改进和适当的新测试技术。它们的好处是已经被测量，且新的创新的信息已在整个组织内传播。

SG 4 建立高质量的测试资产的复用

测试过程组件和测试件都被认为是资产，在整个组织中，当创建另一个测试资产时它们可以得到复用。

第 4 章　TMMi 评估

4.1　概述

在 TMMi 的评估过程中，测试过程的成熟度得到了评估。评估可以决定一个组织是否达到了某一个级别的要求。评估结果可以用于创建改进建议。评估结果和改进建议有助于决策改进测试过程的行动计划。

TMMi 的评估可以在很多节点进行。例如，一个测试过程改进的项目集可以开始于一个评估，通过评估来发现可以改进的领域。在改进的过程中，一个 TMMi 的评估可以用于决定截至目前取得的成就。当一个组织自认为已经达到了 TMMi 的某个成熟度级别时，也可以通过主任评估师进行一场正式评估来证明达到该成熟度级别。

用于执行评估的 TMMi 评估方法应用要求（TAMAR）已被编写出来。TAMAR 并不是一个已经定义的评估方式，但它描述了测试评估必须要达到的要求。组织（TMMi 服务商）应该开发适用于它们业务的属于自己的评估方法。当这种方法满足了 TAMAR 的要求时，它就可以正式地被基金会认可。

本章描述了 TAMAR 认可的不同的评估类型，例如给出了一个基于 TAMAR 要求的评估方法。最后，本章还描述了 TMMi 评估师的认证流程。完整的 TAMAR 描述可以从基金会的网站（www.tmmifoundation.org）上获取。

4.2 评估类别

TMI　01B

评估有两种：正式评估和非正式评估。一个正式评估可以深度地、正式地决定一个组织在多大程度上满足了 TMMi 所定义的要求；而一个非正式评估并不能对过程成熟度有正式的评估结果，它仅仅是一个暗示。一个非正式评估通常用于识别将要进行的重要改进，以及决定 TMMi 实施的过程。非正式评估通常使用初始的调查问卷就足够了，尽管一个正式评估也使用这种方法。

决定使用哪种评估类型取决于组织对于评估的要求及期望。图 4.1

显示了两种类型的评估在时间段上的分布。

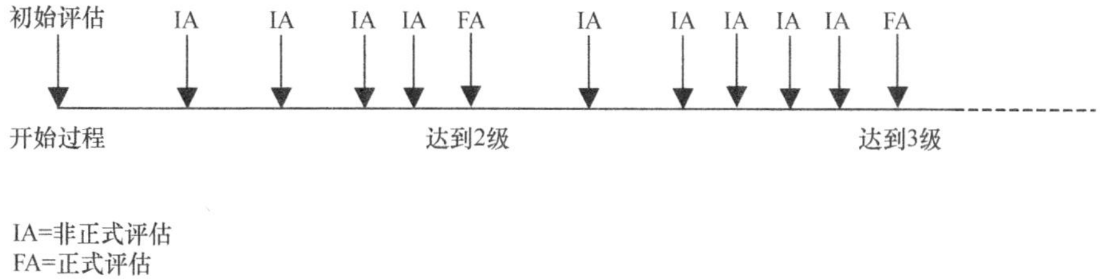

图 4.1 两种类型评估在时间段上的分布

表 4.1 展示的是一个正式评估必须要达到的要求。表 4.2 展示的是一个非正式评估必须要达到的要求。

表 4.1 正式评估的标准

评估小组领导	评估团队的大小	需收集的证据	能力评估
已授权的主任评估师	至少 2 人（已授权的主任评估师和至少 1 名已授权的评估师）	需要有员工访谈及必要的文档研究。其他类型的证据，例如问卷调研也推荐使用	交付一个对照 TMMi 对组织的基准评级，包括详细的优势、弱势及全面的差距分析

表 4.2 非正式评估的标准

评估小组领导	评估团队的大小	需收集的证据	能力评估
有经验的评估师	至少 1 人	需要有一种证据（访谈、文档研究或问卷）	没有基于 TMMi 的评级，仅用于“快速检查”型评估来获得对组织过程域成熟度级别及改进机会的粗略理解

当执行一个正式评估时，非正式评估的要求也就自动被满足了。当开始一个更高级别成熟度评估时，则低成熟度级别的过程域也需要被评估。

如表 4.1 和表 4.2 所示，评估需要收集不同类型的证据。TAMAR 使用如下证据：

- 员工访谈；
- 文档学习；
- 问卷；
- 客户调研表。

正式评估

正式评估必须由一位已授权的主任评估师来领导。主任评估师的授权只能通过 TMMi 基金会获得。对于正式评估团队，必须由一名主任评估师及至少一名其他已授权的评估师组成。其他评估团队成员则不再需要授权。

正式评估中，TMMi 特殊过程域和通用过程域的满足都需要有非常严格的证据支持。正式评估要求证据有不同的来源。

对于正式评估，员工访谈是一种必需的收集证据的方法。从访谈中获取的数据必须要与文档研究的发现相配合。非正式评估的数据也可以从其他的来源收集到，例如调研表和客户问卷。要从组织的不同部分收集不同来源的数据，以判断 TMMi 的实践是否被制度化。

正式评估的结果之一是全面的差距分析，它可以展示一个组织对照 TMMi 模型后的强项和弱项。这一差距分析是未来改进项目的基础。

非正式评估

非正式评估没有正式评估要求得那么严格，因此速度更快、价格更低，但是精确性也降低了。非正式评估被设计成一个初步参照 TMMi 对现有测试过程的“快速检查”。强烈建议非正式评估由被正式授权的评估师来执行，但有经验的评估师也可以来执行。

一个非正式的评估小组的成员可以仅包括一个人，这与非正式评估的目的以及快速、低影响的评估特点一致，当然也可能导致评估结果不够精确。要得到非正式评估的结果，仅仅需要一种证据的支持就可以了。任何一种证据都可以被接受，并且不需要证据间的正式佐证。

4.3 TMMi 评估方法

这一节将更为详细地讨论 TMMi 评估方法。

正式评估需要使用全程文档化及 TAMAR 授权的方法。下面的例子提供了一个典型的正式 TMMi 评估的方法。其评估阶段如图 4.2 所示。

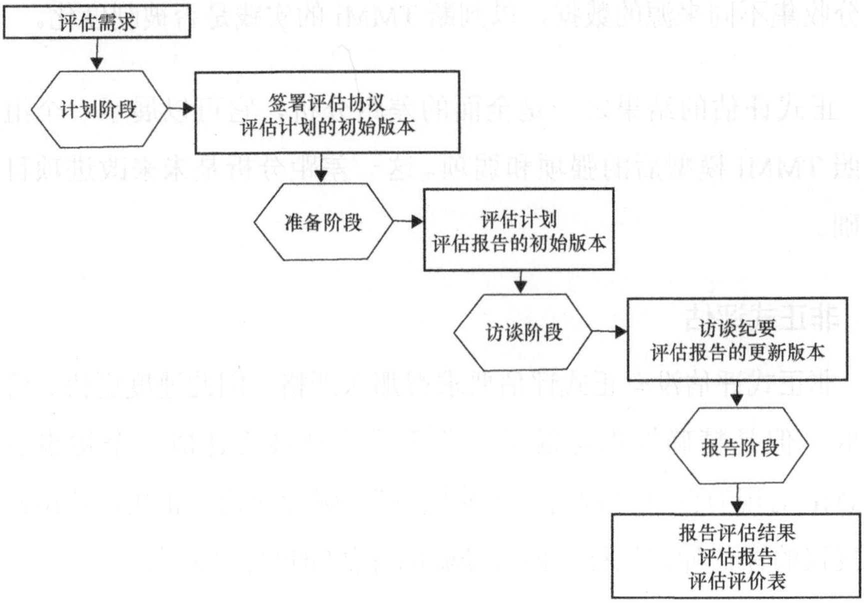

图 4.2　TMMi 评估阶段（ITAM）

一个典型的正式的 TMMi 评估包括如下阶段。

（1）计划阶段。

（2）准备阶段。

（3）访谈阶段。

（4）报告阶段。

下面将解释 TMMi 评估的不同阶段。

4.3.1 计划阶段

计划阶段的目标是与赞助人就范围、成本、要进行的活动、时间段、计划反馈会议以及报告达成一致。

评估要求（包括记录的或未记录的客户对于实施评估的要求）以及预期的评估师与客户之间的多次谈话，都可以用于实施计划。

评估计划主要有以下 3 项输入。

（1）评估的目的。例如，决定是否要达到某一个特定的 TMMi 级别、决定某个特殊的过程的缺陷，或者识别 TMMi 建议，以实现测试过程的优化。

（2）评估的范围。定义评估要在多大的范围内实施，包括要覆盖的组织、过程域和项目。

（3）限制。例如，主要人员的可用时间、评估最大时长、评估中要排除的组织过程域，以及要考虑的保密性问题。

评估计划确定了活动、资源、进度和责任，并包括对预期评估交付的描述。在一个评估中，有 3 个已定义的角色。第一个是评估发起人。评估发起人是指被评估组织内部的人。他为评估工作提供了必要的资源和动力。第二个角色是评估组组长。评估组长在评估过程中组织和协调评估的各个方面，并确保评估小组完成其所有目标。第三个角色是评估小组成员。评估小组成员进行评估，并与评估组长一起利用收集的证据评估过程域。

4.3.2　准备阶段

准备阶段的目的是准备进行评估所需的一切内容，并为启动会议（可选）、访谈、进度报告、反馈会议、演示和报告制定详细的时间表。

这一阶段进行了文档研究。文档研究从向组织提供一个检查表开始，在这个清单中可以找到所需的测试文档。当评估小组得到了这个文档时，就可以开始文档研究，从而呈现组织内当前的情况。在评估报告的最初版本中记录了调查结果。重要的是在记录调查结果时，也要记录这些文件的来源，以便核实评估结果。

4.3.3　访谈阶段

访谈阶段的目的是收集关于当前测试实践的信息。需要执行的活动是：

- 进行访谈，作为收集和核实信息的手段；
- 进行初步分析，这可能会导致在后续的访谈中增加问题，或在面试计划中增加额外的访谈。

4.3.4　报告阶段

报告阶段的第一个目的是向组织提供关于初步评估结果的反馈，

从而也证实了调查结果。在对结果进行验证后，评估结果变成了最终的结果。报告阶段的第二个目的是编写和演示最后报告。报告阶段执行以下活动：

- 进行分析和确定分数（等级），包括确定 TMMi 级别；
- 为后续活动制定建议；
- 拟订（初步）报告和/或演讲稿；
- 演示评估结果和建议。

评估报告必须包含以下几项：

（1）进行评估的时间段；

（2）评估期间使用的输入（文件、访谈报告）清单；

（3）在文档研究和访谈中收集到的结果（“证据”）；

（4）用于评估的方法概述；

（5）正式评估应给出一个总体的 TMMi 等级；而非正式的评估不能评定 TMMi 等级。

过程属性评级

在评估过程中，要对证据进行验证，以确定证据是否正确。为了得出结论，需要足够的证据，且证据必须足够深入。证据的数量和深度是否足够取决于评估的目标。

客观证据用来确定某一目标被满足的程度。为了能够对一个特定的或一个通用的目标评级，需要确定特定的实践和一般的实践的等级。

整个过程域的分级等同于本过程域所有目标中等级最低的目标的等级。成熟度级别等同于该成熟度级别中的等级最低的过程域的等级。

一个组织达到一个特定的过程域的水平是用以下几个等级指标来度量的：

- N——未实现；
- P——部分实现；
- L——大部分实现；
- F——完全实现。

得分为“N”（未实现），是指发现很少或没有发现符合过程域目标的证据。得分为N的过程按百分比度量，即为0到15%之间的任何分数。得分“P”（部分实现），是指发现了一些证据是符合规定的，但过程可能是不完整的、未广泛使用的或没有一致使用的。得分为P的过程按百分比度量即为15%以上，最多是50%。为了获得“L”（大部分实现），应该有明显的证据证明遵从性，但是这个过程的实施、应用或使用结果可能仍然有一些微小的弱点。得分为L的过程按百分比度量即为 50%以上，最高可达 85%。为了获得“F”（完全实现），应该有一致的证据证明遵从性。这一进程已经被系统地、完全地实现了，在这一过程域的实施、应用或过程使用结果中没有明显的弱点。得分为 F 的过程按百分比度量即为 85%以上，最高可达 100%。

另外还有两个评级可以使用，如下所示。

- “不适用”（NA）：如果过程属性不适用于组织，则使用此分类，因此将其排除在结果之外；
- “未评”（NR）：这种分类是由于证据不足，而不能够对过程属性做出评级。

属性等级必须追溯到证据。给予一个组织的评级必须得到特定证据的支持。因此，证据、结论和证据之间的可追溯性必须记录下来。

4.4 TMMi 评估师认证的授权

TMMi 基金会授权的评估师、顾问在执行评估时，要基于已授权的 TMMi 的评估方法进行评估。

这样的评估方法可以由评估师所服务的组织开发出来，或由另一组织授权给评估师所服务的组织。

候选人是凭借他们拥有的经验获得授权的。表 4.3 描述了授权标准的内容。

表 4.3 评估师授权标准

领域专长	主任评估师（正式评估）	评估师（非正式评估）
测试	至少有 5 年在不同测试组织里做不同测试的经验。 必须获得 ISTQB 高级证书	至少有 5 年在不同的测试组织里做不同测试的经验。 必须获得 ISTQB 基础级证书
测试过程改进	至少有 2 年测试过程改进经验 （注：2 年软件过程改进领域的工作经验等同于 1 年测试过程改进工作经验）	至少有 1 年测试过程改进经验（注：2 年软件过程改进领域的工作经验等同于 1 年测试过程改进工作经验）
TMMi	参加了 TMMi 培训并有使用 TMMi 的经验	参加了 TMMi 培训并有使用 TMMi 经验
评估	参加了评估培训并且有 20 天评估经验	参加了评估培训并且有 10 天评估经验

授权评估师的最新标准可以在 TMMi 基金会网站（www.tmmifoundation.org）上找到。

第 5 章 TMMi 的实施

5.1 概述

TMI 01D

首先，TMMi 是一个最佳实践列表或对一个测试过程成熟度的描述。TMMi 没有提供在一个组织里改变程序的标准方法。如 CMMI 为了支持模型的实现，软件工程研究所（SEI）已经开发了一个用于更改过程的模型 IDEAL【IDEAL】。当实施 TMMi 时，这个模型已被证明非常有帮助。IDEAL 也指明在一个组织里实施 TMMi 时需要做什么事情。这个模型包括 5 个改进阶段，如表 5.1 所示。

表 5.1 IDEAL 5 个阶段的改进循环

缩写	阶段	目 标
I	启动阶段	为成功的改进过程建立初始的改进基础
D	诊断阶段	对照企业想要达到的状态，定义组织现有的状态
E	建立阶段	计划和细化如何建立已选择的状态
A	行动阶段	执行计划
L	学习阶段	通过学习经验和改进能力来实施变更

组织可以自由选择 TMMi 的实施改进方法。除了 IDEAL，还有其他几个模型可以用来实施过程改进。一般来说，这些模型都是基于爱德华·戴明的“计划—行动—检查—循环”。戴明环开始于制定一个计划来决定改进目标以及如何实现（plan），接着进行改进的实施（do）并且决定计划的优势是否已经被实现（check）。基于评估的结果，如果需要，则采取进一步的行动（act）。

本章介绍关于 IDEAL 的阶段和行动，以及测试改进项目的成功关键因素。

5.2 变革程序

图 5.1 展示了 IDEAL 所定义的改进过程的阶段。

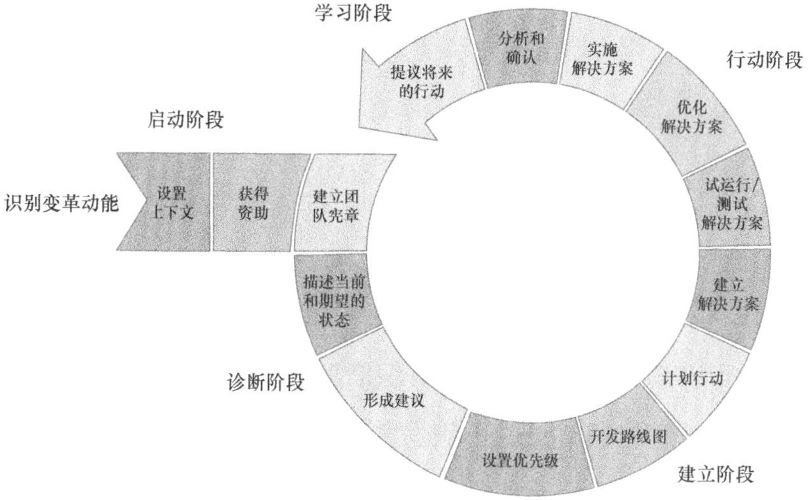

图 5.1 IDEAL 定义的改进过程的阶段

下面简要介绍 IDEAL 各改进阶段和活动。

5.2.1 I–启动：启动阶段

在启动阶段，需要建立成功变更计划的基础。需要定义变更的目标和期待的结果，以及相关各方需要做出什么贡献。TMMi 实施的目标需要与质量目标及组织的目标保持一致。在这个阶段，目标通常还不能以 SMART（详细的、可度量的、可实现的、现实的和有时间限制的）的方式被定义出来，这就是为什么更详细的目标会在建立的阶段得到细化。在这个阶段，需要明确关注管理层的承诺；管理层的承诺需要来自于测试管理、信息通信技术管理和业务管理层。启动阶段有如下活动：

- 识别变革动能；

- 设置上下文；
- 获得资助；
- 建立团队宪章。

识别变革动能

在实际变革项目开始之前，组织需要认识到变化是必要的。推动力可能是对当前测试结果的不满、突发事件、不断变化的环境、高级管理人员的推动、标杆评估的结果、TMMi 的评估、客户的要求、市场趋势或是内部度量库的信息。拟定的变革需要对组织的成功有所贡献，并作为现有质量和组织目标的补充。与组织目标的一致性很大程度上决定了变更的成功。

设置上下文

管理层需要决定满足质量和业务战略的变革的工作量。哪些特定的目标将会由 TMMi 的实施而被实现或被支持？当前的项目会受到怎样的影响？将会获得哪些收益，如更少的问题和事故、缩短测试执行交付的时间？在项目进行的过程中，上下文和效果将会变得越来越具体，但重要的是可以在项目的早期尽可能地将其清楚地描述出来。

获得资助

从负责的经理那里获得支持或者取得资助，对于改进项目是极其重要的。由于很多利益相关人受到变革的影响，资助包含了测试管理、IT 管理和业务管理等各个方面。资助在整个项目过程中都是很重要的，但由于变革带来的收益的不安定性，在项目早期获得积极支持也是极重要的。支持改进程序是资助中很重要的一部分；除此之外，资助还包括积极地参与和在项目遇到阻力的时候决定坚守。

建立团队宪章

作为启动阶段的最后的活动，变更项目的执行方式是确定的。团队需要有明确的描述，包括职责和资质要求。

通常团队是由一个项目委员会和多个改进小组组成的。在项目委员会中，有赞助人，可能也有其他改进项目的赞助者、改进项目经理，可能还有（外部）TMMi 顾问。项目委员会最终负责改进计划，并批准计划、里程碑和最终结果。项目委员会具有最终决定权，是最高的申诉处理机构。

5.2.2 D–诊断：诊断阶段

诊断阶段决定组织目前的现状与它想达到的程度间的差距。为了达到这个判断，通常会通过评估来和参考标准做比较，例如 TMMi 2 级，来发现组织目前的状态，描述将来的状态。诊断阶段包括如下活动：

- 描述当前和期望的状态；
- 形成建议。

描述当前和期望的状态

TMMi 可以被用来定义期望的状态，通过执行正式或者非正式的评估来决定当前的状态（第 4 章）。评估可以使用目的及实践作为确定测试过程成熟度级别的检查表。期望的状态必须和在初始阶段的变革的动能因素相吻合，并在组织可实现的范围内实施。

形成建议

建议为后续的活动提供方向。哪个 TMMi 过程域将最先被实施？过程域中的哪些部分将被实施以及如何实施？这些在特定过程域中的建议由 TMMi 专家给出。

5.2.3　E-建立：建立阶段

这一阶段通过制定详细的 TMMi 实施计划来实施建议。初始阶段的通用目标进一步被细化成了符合 SMART 要求的目标。建议要有优先级排序，要考虑到影响因素，如人员不可用、结果的可见性、可能的反对意见、对组织目标的贡献等。建立阶段有如下活动：

- 设置优先级；
- 开发路线图；
- 计划行动。

设置优先级

这一阶段的第一个活动是为变更工作量设置优先级。例如，一次实现 2 级的 5 个过程域可能是徒劳的。当已设置了优先级后，首先确定哪些过程域或哪些部分是需要优先实现的。如人员可用性、结果的可见性、可能的抵制、对组织目标的贡献等都是要考虑的因素。

开发路线图

使用建议及其优先级，开发达到希望状态的策略，并决定希望达到的级别和需要达到相应级别所需要的资源；包括新的方法、技术和资源在内的技术因素也需要进一步考虑。同时需要注意培训、开发过程描述和可选的工具。需要考虑的非技术因素包括知识和经验、实施方法、阻力、支持、紧迫感和组织文化等。

计划行动

根据定义的路线图，决定具体的行动。根据前面所有活动获得的信息，对综合行动、时间安排、里程碑、决策点、资源、责任、度量、跟踪机制、风险和实施策略等因素做出计划。

5.2.4 A-行动：行动阶段

这个阶段是关于具体行动的，主要工作就是行动。计划的路线图将被执行。很明显，这个阶段将花费大量的工作，其中开发解决方案大约占 30%，而实施解决方案占 70%【Cannegieter】。行动阶段包括下列活动：

- 建立解决方案；
- 试运行/测试解决方案；
- 优化解决方案；
- 实施解决方案。

建立解决方案

行动阶段从建立解决方案开始，主要是处理广泛列出的问题。这些解决方案必须要满足TMMi过程域规定的目标和实践，并且是能够为达到目标而做出贡献的。这些解决方案可以包含流程、模板、工具、知识、技能（培训），以及需要的信息及相应的支持。这些解决方案通常很复杂，一般而言都由过程改进团队来负责，在团队中会有精通TMMi的专家角色。使用已证明的具备成功经验的团队实施过程改进的方法，被称为过程改进团队接力【Zandhuis】。在过程改进团队接力过程中，（部分）解决方案是由多个取得成功的过程改进团队在短时间内开发和实施的。这样的做法与只使用一个过程改进团队相比，具备较短的准入时间、较快的结果获取速度以及允许更精确的指导等优点。管理团队需要给每个过程改进团队设定清晰的目标以及指派明确的任务。要使尽可能多的员工参与到实际的解决方案创建过程中，外部顾问在此期间可以提供指导和内容输入。

试运行/测试解决方案

“如果你不知道你正在做的是什么，那么就不要大规模地推广。”

Tom Gilb 给出了正确的建议。

首先，创建的解决方案需要在各个不同的测试项目中进行验证。有时候，只有已实际运用的经验才能表现出一个解决方案的实际功效。在类似场景的试运行过程中，通常会指定一个或几个测试项目实施改进过程并对结果进行评估，之后才会再扩展到其他的项目中去。

优化解决方案

根据试点和测试得到的结果，解决方案可以进一步优化。多个迭代后，测试优化流程会成为令人满意的解决方案并且能适用所有的项目。解决方案就是要能够切实可行。等待一个“完美”的方案会导致实施阶段无谓地拖延。

实施解决方案

当解决方案被认为切实可行后，就可以在（测试）组织之中进行实施和推广了。这会是整个过程中最为激进的行动，会导致更多的抵制行为。针对这种问题，有多种实施途径可以选择，具体如下。

- 大爆炸方法：所有的组织变动都在同一时间实施。
- 每个项目顺序进行法：在每个项目中，依据时间，按次序设置具体的改进实施工作。
- 适时法：当流程执行时，实施改进动作。

没有哪个实施途径比其他的更好。这些途径应该根据改进的本质和组织的环境来选择。对于重大的变革，实施需要实质性的时间、资源、工作量和管理层的关注。

5.2.5　L-学习：学习阶段

学习阶段是改进循环的结尾。IDEAL 模型的一个非常重要的指标就是持续优化实施改进的能力。在学习阶段，按照 IDEAL 模型方法论实施的经验会被重新审视，由此判定哪些已经完成了，启动阶段定义的目标是否达到了，组织应当如何更加有效和有效率地实施改进过程。在学习阶段，有如下的组件：

- 分析和确认；
- 提议将来的行动。

分析和确认

这一组件主要用来回答如下的问题。

- 改进项目实施得如何？
- 哪些改进项目已完成了？是否达到了开始时制定的目标？
- 哪些改进项目在实施过程中推行得最好？
- 如果想要更有效和更有效率，还应该做些什么？

以这些问题为引导，收集、分析、汇总并记录所有的经验总结。

提议将来的行动

基于以前的活动，形成对未来改进项目的建议，不管是否基于TMMi。要对高层提出建议以供参考。

5.3 成功实施 TMMi 的关键因素

TMI 01E

5.3.1 改进过程的开始

过程改进的内容在前面的章节已经有很多讨论。需要对多个在初始阶段中扮演关键性成功的因素进行详细审视（Broekman/Van Veenendaal）。如果这些关键的因素不能被满足，将会导致当前和在改进项目执行过程中存在巨大的风险。正如下面描述的，所有提及的关键因素都是和IDEAL模型的初始阶段以及诊断阶段内部活动相关的。

测试方针

清晰地定义过程改进项目的目标并记录下来，这是十分有必要的。为什么需要改进测试过程？如之前章节中所提及的，改进项目的目标都是在初始阶段确立，然后在计划阶段被逐步具体化的。所有参与到项目中的人都必须知道这些目标。组织想要向哪个方向发展以及其背后的原因是什么？所有的这些问题的答案都必须在测试方针之中被解答。当然了，解答的依据是基于组织的质量策略和组织策略。测试方针从总体上阐述了组织的测试理念。在 TMMi 中，关于测试方针的详细内容主要位于测试方针及测试策略这一过程域中。

管理团队的承诺

质量的重要性对于组织来说是否被提到了足够的高度？在里程碑处，组织如何处理低质量的系统？对于组织而言，至关重要的驱动因素是什么——预算、截止日期还是质量？这些问题的答案会很大程度上揭示出管理团队对于测试及质量的真正承诺。缺乏足够的管理团队承诺和在管理层中没有明确的支持者，会在很大程度上导致过程改进项目的失败。关于获得管理团队承诺的主要部分已在之前的初始阶段中的“获得资助”活动中阐述过了。

改进的需要

员工在没有感受到迫切的改进需要之前，是不会主动投入改进过程项目中的，也不会产生多少贡献。例如，改进的需要可以是在投产时极大地减少潜在的缺陷，或者是在同样的质量标准下减少测试项目的执行时间等。改进的动力不仅仅需要管理层认可，也需要多次和员工进行充分的沟通。需要改进的内容在改进项目目标中要有体现。

过程改进是一个项目

在（初始阶段）“建立团队宪章”的活动中，要建立可用支持改进的组织。强烈建议依照项目管理的方法来管理改进，根本结构要素包括任务、指导小组、项目主管、职责、计划、里程碑、交付物、报告等。由于各种各样的原因，过程改进项目通常都是较为复杂的。依照作者的经验来看，创建正式的项目组织架构能够表明组织在改进项目方面的决心，并能极大地提高这个项目的成功率。被定义为项目之后，所有与之相关的工作量都能在整个组织内部体现出来，并且为之工作的员工会认为这并不是一项额外的工作，而是正常工作范畴之内的任务。

可用的资源

推荐在初始阶段的“建立团队宪章”处就讨论各项资源的可用性，而不是延后到建立阶段的“开发路线图”部分再来考虑。必须要让管理层意识到做出选择的时间到了。例如，让员工每周花 4 小时的工作时间在过程改进项目上听起来十分合理，但事实上没办法实行。原因在于，当员工身处的（测试）项目面临较大的时间压力时，通常而言，员工都会省下过程改进的那 4 小时转而将其花在项目上。而解决这一问题的可选方法就是让部分员工全职加入过程改进项目组中，至少每周有 3 天时间为这一项目工作。这样的方式可以带来更好的聚焦和进度，以及快速的交付和可度量的结果。

（开发）组织的成熟度

在（诊断阶段）组件“描述当前状态和期望的状态”中，不仅仅是测试过程，并且它高度依托的过程也需要得到审视。在这些过程能达到最低限度的成熟度之前，引入测试过程会被证明十分困难，尽管不能说是不可能的。需要审视的主要过程包括项目计划、配置管理、需求创建及需求管理等。在缺乏一个完整的项目计划过程的前提下去建立一套完整的测试计划过程将会是非常困难的，因为两者之间有很多的依赖关系。当运用测试设计技术的时候，测试的基础之一——需求质量的高低就会扮演一个重要的角色。任何需求方面的更改都要及时告知测试团队。最后，缺乏配置管理过程会导致发现的问题不太可能被重现，或者已修复的问题“突然又在后续的版本中重现了”。这些问题不可能通过测试过程的优化来解决，而要在开发过程中去面对。

5.3.2　建立改进

之前的章节阐述了顺利地克服“第一个障碍”的重要性。为了能够顺利地得到良好的结果，需要保持项目良好的势头，并且项目中的每个成员都需要保持专注。本节阐述了决定过程改进项目成功与否的一系列重要因素。

同时为长期和短期目标努力

总体而言，过程改进是一项长期的工作。但是，为了保持良好的势头和团队的积极性，需要在较早阶段取得一定的成绩，这就是所谓的“速赢”。在高层管理团队中的“支持者”也需要这样的阶段性成功来证明他们对过程改进项目及团队支持的合理性。无论何时取得了成功，例如在试验阶段取得成功，都需要清晰地、反复地将成功信息告知组织成员。当一个又一个组织自身的成功例子或组织内部成员成功的例子被添加到项目的成功案例中以后，通常而言，改进项目组成员的积极情绪会显著增长。

使用营销的方法来解决反对行为

通常，一开始的时候，绝大多数人都会本能地抵制改进。任何想要强行推进的做法都会带来与设想结果相反的局面。较为明智的做法反而是通过营销过程改进项目本身来说服对方。例如，在组织内部的新闻简报上，定期发表那些受到过程改进项目积极影响的人或事的文章。无论在何时发现了抵触的情绪和行为，比较好的方式都是与有顾虑的员工进行充分的沟通。在这些沟通中，改进项目的经理需要耐心地倾听和收集员工所提出的反对意见。抵触情绪和行为大部分都是由改进项目的需求和目标的不确定性、对改进项目实施路径的不熟悉或员工自身状况的不确定性导致的。

尽量利用组织中现有的过程

即使在绝大多数过程显然都需要改进的情况下，也不意味着所有的过程都是错误的。实际上很多不成功的过程改进的尝试早已自发开始了。有些时候，有些测试项目会比其他项目以一种更可控的方式展开。很有可能的是，某些员工有很好的点子，只是他们并不能够成功地推广这些点子。使用这些员工的点子就是一个事半功倍的方法。过程改进的内容如果是当事人自身提出的，那当然会面临更少的抵触情绪和行为。

专职的人员和时间

测试过程改进项目必须被视为一个全职的重要工作而不是“边边角角的任务”。项目失败的致命因素就是当项目需要取得成就的时候，重要的项目成员因为另一个更加重要的项目需要他们的关注，而只能用较短时间在项目里工作。

定义外部咨询师的角色

外部咨询师的经验和知识对于改进项目而言有积极的促进作用。当他们加入后，他们是“专职地”投入改进项目中的，即使其他组织的计划有变化，也不会过多地影响到他们的产出。但是，外部咨询师不应该担当决定工作规程的工作，这必须由组织内的员工来决定。这就是为什么每个过程改进项目中，内部员工应该是第一位的，外部顾问仅提供支持的原因。除此之外，改进后的过程必须在组织内部立足和扎根，只有这样，当外部咨询顾问离开后，组织才能继续保持改进后的效果和良好的局面。

保持一致性

对于多个改进部分，需要保持一致性。只有这样，所有的改进成果才能集成在一起，一起发挥作用。

5.4 测试过程改进宣言

除了之前章节所提到的基于 IDEAL 模型框架的过程改进以及实施过程中需要考虑到的关键成功因素，测试过程改进宣言【Van

Veenendaal】也同样提供了多个引人入胜的推荐改进建议。测试过程改进宣言阐述了一系列重要原则，这些原则会极大地影响测试过程改进项目的执行及结果。这些原则/推荐的改进路径都是从不同领域成功的测试改进项目中总结而来的。

测试过程改进宣言

- 灵活性胜过详细的过程。
- 最佳实践胜过模板。
- 部署导向胜过过程导向。
- 同行评审胜过质量保证（部门）。
- 业务驱动胜过模型驱动。

灵活性胜过详细的过程

通常而言，过程的制定能够更好地支撑组织。只有定义好要改进的部分，这些部分才能够被改进。这些新的工程师们按公司的工作规程来行动。但是创建过于严苛的过程会降低“人的价值”部分。好的测试人员具备根据现实情况不同而采用不同方法的能力，并且也会使旁观者感受到测试是一项挑战性十足的工作，支持这些工作的过程是必需的，但是这些过程需要给测试人员留出足够的灵活性和自由度，以便于其能充分考虑问题并选择最佳的前进路线。最佳的情况是“恰到好处的过程”。

最佳实践胜过模板

模板的作用是很大的，但是提供一个如何使用模板的实例会更具有价值。哪个方式更能提供支持——测试计划的模板还是 3 个测试计划制定的最佳实践？有经验的测试人员都会选择后者。当执行测试过程改进时，如果能够尽早地建立起一套最佳实践库，其产生的积极意义和效果将会数倍于只把巨大的精力投入创建模板的工作中。虽然这些最佳实践可能并不是业界最佳的，但是它们是最符合自己组织特点的最佳实践。如果后续有更好的最佳实践被引入，那它们就可以替换现有的。这样才能较好地支持测试的改进和持续地推进过程改进的工作。

部署导向胜过过程导向

创建过程相对简单，因为之前已经有无数次尝试之后的结果可以借鉴。但是如何实施或者部署这些过程，相应地改变某些人的行为就是艰巨的任务了。过程改进是完完全全的变革管理。在制定测试过程改进计划时，人们有时会错误地把绝大部分的工作量放在定义测试过程上。而在成功的测试过程改进项目中，至少 70%的改进工作量是消耗在实施和部署上的，“确保做完工作”。定义过程是较为简单的一块工作，所以只能占据工作量的较小部分。

同行评审胜过质量保证（部门）

沟通和提供反馈对于项目的成功至关重要。同行评审如果应用得当，也会产生同样的效果。大体而言，质量保证人员也会根据文件内容进行评估并且提供反馈到工程师团队；但是相对而言，质量保证团队会更倾向于使用文件的模板和已定义的过程来检查实际情况的符合程度。部分原因是他们并不具备真正的测试专家的能力，这样的做法会降低他们产出物的价值。而对于同行评审来说，只要安排了合格的同行评审人员，就能提供相对中肯的反馈和合理的建议。对于项目组而言，这种做法相对于只是参考模板会有相当大的收益。

业务驱动胜过模型驱动

如果不去理解业务上的需求，而只是强行去获得 TMMi 2 级或 3 级的认证，无论从短期或是长期角度而言，都很可能遭遇失败。过程改进团队需要充分地理解业务上存在的问题，才能更好地确定如何进行合理化改进。不论你在做什么，都需要理解为什么这么做、业务上存在什么问题需要你去解决、管理团队支持哪种测试方针。当尝试使用改进模型上的某一特定实践去解决问题时，通常会有很多的方法或路径去遵循。业务上存在的问题（低劣的产品质量、过长的测试执行准备时间、成本等）才是选择路径的决定性因素。在改进过程中，需要不停地对业务的驱动因素和测试方针进行检视，并确保过程改进的目标和实施路径符合这两者的要求。

附录 A　TMMi 与 CMMI 的关系

尽管 TMMi 是可以被独立实施的，但是它仍然定位为 CMMI 的补充。所以很多时候 CMMI 过程域可以支持 TMMi 的实施。下面提供了 CMMI 过程域概览。表 A.1 提供了它们与 TMMi 过程域的关系。

表 A.1　　CMMI 过程域对 TMMi 过程域的支持

		CMMI L2						CMMI L3						CMMI L4		CMMI L5	
		配置管理	质量和分析	项目监督和控制	项目策划	过程和产品质量保证	需求管理	组织过程定义	组织过程焦点	组织培训	需求开发	风险管理	验证	组织过程性能	定量项目管理	因果分析和解决方案	组织创新与部署
TMMi L2	2.1 测试方针与测试策略		×														
	2.2 测试计划				×		×					×					
	2.3 测试监督与控制			×								×					

续表

		CMMI L2						CMMI L3						CMMI L4		CMMI L5	
		配置管理	质量和分析	项目监督和控制	项目策划	过程和产品质量保证	需求管理	组织过程定义	组织过程焦点	组织培训	需求开发	风险管理	验证	组织过程性能	定量项目管理	因果分析和解决方案	组织创新与部署
TMMi L2	2.4 测试设计与执行						×										
	2.5 测试环境										×						
TMMi L3	3.1 测试组织								×								
	3.2 测试培训方案									×							
	3.3 测试生命周期与集成				×		×	×				×					
	3.4 非功能测试						×										
	3.5 同行评审												×				
TMMi L4	4.1 测试测量		×														
	4.2 产品质量评估														×		
	4.3 高级同行评审																
TMMi L5	5.1 缺陷预防															×	
	5.2 质量控制													×			
	5.3 测试过程优化																×
GG	通用目标 2	×			×	×											
	通用目标 3		×					×	×								

CMMI 2级过程域

配置管理（CM）

配置管理的目的是，通过采用配置标识、配置控制、配置状态报告和配置审计，来建立和维护工作产品的完整性。CMMI配置管理可以实现针对全部项目相关的过程和一部分组织过程，TMMi通用实践GP 2.6实现配置管理。

度量与分析（MA）

度量与分析的目的是开发和保持用于支持管理信息需要的度量能力。CMMI的度量与分析过程域对TMMi测试方针和测试策略过程域中特殊目标SG 3建立测试性能指标的实现提供支持。CMMI的这一过程域也对TMMi测试测量的实施提供支持。测量的基础与实践可以在测试测量中被复用。把实践测试测量方案作为通用度量方案的支持或许是切实可行的。最后，CMMI测量与分析过程域可以为测量、分析和记录信息提供支持，可以对TMMi通用实践GP 3.2中收集改进信息提供支持。

项目的监督和控制（PMC）

项目的监督和控制的目的是，提供对项目进展情况的了解，以便当项目性能严重偏离其计划时能够采取适当的纠正措施。这一过程域对TMMi测试监督和控制提供支持。项目管理实践可以在测试管理中被复用。

项目策划（PP）

项目策划的目的是建立并维护定义项目活动的所有计划。CMMI 项目策划过程域对 TMMi 测试计划和测试生命周期集成（SG 3 建立主测试计划）提供支持。项目管理实践也可以在项目管理中被复用。

过程和产品质量保证（PPQA）

过程和产品质量保证的目的是，把对过程及其相关的工作产品的客观见解提供给员工和管理人员。CMMI 的过程和产品质量保证可以对所有过程域的通用实践 GP 2.9 客观评价一致性起到支持作用。

需求管理（REQM）

需求管理的目的是，管理项目产品和组件的需求，用以识别需求与项目计划及工作产品之间的不一致之处。

需求管理过程域的实施是对管理工作衍生产品的限制，例如产品风险分析和测试设计，保持它们的更新及一致性。这一实践中关于可溯性的部分可以被复用到 TMMi 测试设计和实施的过程域中。

CMMI 3 级过程域

组织过程定义（OPD）

组织过程定义的目的是建立并维护可用的组织过程资产、工作环境标准的集合。CMMI 的这一过程域对 TMMi 测试生命周期集成，特别是 SG 1 建立组织测试过程集提供支持；也对通用实践 GP 3.1 通过建立组织过程集建立已定义过程提供支持。

组织过程焦点（OPF）

组织过程焦点的目的是，基于对组织的过程及过程资产的当前优势及薄弱环节的透彻理解，来策划、实施和部署组织的过程改进。CMMI的这一过程域对TMMi测试组织，特别是SG 4决定、计划和实施测试过程改进，以及SG 5部署测试过程并吸纳经验教训提供支持。它也对TMMi通用实践GP 3.2收集改进信息提供支持，因为它建立了组织测量资产库。

组织培训（OT）

组织培训的目的是，开发人们的技能和知识，以便能有效且高效地履行职责。CMMI的这一过程域对测试培训方案提供支持。

需求开发（REQD）

需求开发的目的是开发和分析客户、产品需求及产品组件需求。CMMI 的这一过程域的实践可以对测试环境过程域的测试环境需求的开发加以复用。

风险管理（RSKM）

风险管理的目的是，在产品或工作的生命周期中，在问题出现之前标识潜在的问题，以便策划风险应对措施，并在必要时实施这些措施，以缓解对实现目标的不利影响。CMMI的这一过程域的实践可以对测试计划和测试监督与控制过程域中测试项目对产品风险的识别和控制加以复用。

验证（VER）

验证的目的是确保所选择的工作产品满足规定的需求。CMMI 中 SG 2 实践执行同行评审对 TMMi 评审过程域的实施提供支持。

CMMI 4 级过程域

组织过程性能（OPP）

组织过程性能的目的在于，建立并维护对从组织标准过程集中所选择的过程的性能的定量理解，以支持达到质量和过程性能目标，并为定量管理组织的各个项目提供过程性能数据、基线和模型。CMMI 的这一过程域对实施 TMMi 质量控制，特别是 SG1 建立由统计控制的测试过程提供支持。

定量项目管理（QPM）

定量项目管理的目的是，定量地管理项目，以实现项目所建立的质量和过程性能指标。CMMI 的这一过程域对 TMMi 产品质量评估及 SG 1 为产品质量及其优先级建立可测量的项目目标，以及 SG 2 对项目的产品质量目标的实际进度进行量化和管理提供支持。

CMMI 5 级过程域

因果分析和解决方案（CAR）

因果分析和解决方案的目的是，标识所识别缺陷和其他问题的原因并采取措施，以防止这些缺陷再次发生。CMMI 的这一过程域对 TMMi 缺陷预防的实施提供支持。

组织创新与部署（OID）

组织创新与部署的目的是，选择和部署那些增量和创新的改进，以度量组织过程和工具的改进。CMMI 的这一过程域对 TMMi 测试过程优化提供支持。

TMMi 过程域对其他 TMMi 部分的支持

除使用了 CMMI 的部分，TMMi 过程域也可以被用来支持 TMMi 通用实践的实施。相关的 TMMi 过程域展示如下。

测试生命周期与集成

TMMi 的这一过程域可以对通用实践 GP 3.2 收集改进信息提供支持，因为它建立了一个组织测试过程数据库。测试生命周期和集成也对通用实践 GP 3.1 建立以定义过程，建立组织过程集的实施提供支持。

测试测量

对于所有过程域，测试测量过程域对测量、分析及记录信息提供通用指南，可以被用于建立测量和监督实际过程，也可以对 TMMi 通用实施 GP 3.2 收集改进信息提供支持。

测试监督与控制

测试监督与控制过程域对所有过程域里是通用实践 GP 2.8 监督与控制的实践。

测试计划

测试计划过程可以使 GP 2.2 计划过程在所有项目相关的过程域得以实施。它也可以支持 GP 2.7 通用实践识别和引入利益相关人，在所有项目相关的计划和引入已经识别的利益相关人，并记录在测试计划中的过程域。

测试培训方案

测试培训方案过程域对 TMMi 通用实践 GP 2.5 培训人员提供支持，组织中所有支持或执行过程的人员都可以参加培训。

TMMi 过程域对 CMMI 实施的支持

CMMI 包括两个聚焦在测试领域的过程域——验证与确认。验证的目的是保证已选择的工作产品符合它们的产品规格需求。确认的目的是证明产品或产品组件满足预定环境中预定用途。CMMI 验证与确认的过程域的目的已经被 TMMi 2 级及 TMMi 3 级中同行评审的实施所满足。

这里需要提醒读者注意的是：CMMI 验证与确认过程域有着非常不同的测试目标。TMMi 2 级和 TMMi 3 级同行评审的实施仅当测试方针、测试策略及测试途径同时覆盖了验证与确认的测试目标时，才满足验证与确认的要求。

附录B　辅助TMMi实施的阅读资料

简单地讲，TMMi 定义测试过程成熟的要求是按过程域分组的。因此，TMMi 仅描述了成熟的测试过程的特点，而不是具体并详细地提供实现过程。一个组织可以使用已公布的不同的标准、方法和技术来达到 TMMi 的要求。对每一个过程域，作者都识别了那些可以帮助该过程域实施的标准、方法或技术，并注明了它们的出处。

TMMi 2 级过程域

PA 2.1　测试方针与测试策略

特殊目标	辅助阅读
SG 1 建立测试方针	[Black09] – par. 3.3 [ISTQB Advanced Syllabus] – par. 3.2 [TestGrip]
SG 2 建立测试策略	[Black] – par. 3.3 [Foundations of SW Testing] – par. 5.2 [ISTQB Advanced Syllabus] – par. 3.2

续表

特 殊 目 标	辅 助 阅 读
SG 3 建立测试性能指标	[ISTQB Advanced Syllabus] – par. 3.7 [ISTQB Expert Syllabus] – par. 4.4 [Goal/Question/Metric]

PA 2.2 测试计划

特 殊 目 标	辅 助 阅 读
SG 1 执行产品风险评估	[Black04] – Chapter 2 [ISTQB Advanced Syllabus] – par. 3.9 [PRISMA] [RRBT] – Chapter 5
SG 2 建立测试途径	[Foundations of SW Testing] – par. 4.6 [PRISMA] – par. 7.6 [TMap] – par. 15.3.5
SG 3 建立测试估算	[Black04] – Chapters 3 and 5 [ISTQB Advanced Syllabus] – par. 3.4 [RRBT] – Chapter 6 [Testing Practitioner] – Chapter 7
SG 4 开发测试计划	[IEEE 829] – Chapter 9 [RRBT] – Appendix E [TMapNext] – Chapter 6
SG 5 获得对测试计划的承诺	暂无辅助阅读资料

PA 2.3 测试监督与控制

特殊目标	辅助阅读
SG 1 根据计划监督测试进度	[Black04] – Chapter 13 [IEEE 829] – Chapters 15 and 16 [ISTQB Advanced Syllabus] – par. 3.6 [RRBT] – Chapters 10 and 12
SG 2 根据计划和预期监督产品质量	[IEEE 829] – Chapters 15 and 16 [ISTQB Advanced Syllabus] – par. 3.6 [RRBT] – Chapters 10 and 12 [Testing Practitioner] – Chapter 6
SG 3 管理纠正措施直到关闭	[ISTQB Advanced Syllabus] – par. 3.6

PA 2.4 测试设计与执行

特殊目标	辅助阅读
SG 1 使用测试设计技术执行测试分析与设计	[Bath/McKay] – par. 3.2.2 and Chapters 4, 5, 6 and 7 [BS7925/2] [Copeland] – Section I and II [Foundations of SW Testing] – par. 1.4 and Chapter 4 [IEEE 829] – Chapters 10 and 11 [ISTQB Advanced Syllabus] – par. 2.4 and Chapter 4 [Testing Practitioner] – Chapters 13 and 14
SG 2 执行测试实施	[Bath/McKay] – par. 3.2.3 [Foundations of SW Testing] – par. 1.4 [IEEE 829] – Chapter 12 [ISTQB Advanced Syllabus] – par. 2.5

续表

特 殊 目 标	辅 助 阅 读
SG 3 进行测试执行	[Bath/McKay] – par. 3.2.3 [Black04] – Chapter 13 and 14 [Foundations of SW Testing] – par. 1.4 [IEEE 829] – Chapters 13 and 14 [IEEE 1044] [ISTQB Advanced Syllabus] – par. 2.5 [Testing Practitioner] – Chapter 17
SG 4 管理测试事件直到关闭	[Bath/McKay] – Chapter 19 [Foundations of SW Testing] – par. 5.6 [IEEE 1044] [ISTQB Advanced Syllabus] – Chapter 7 [RRBT] – Chapter 11 [Testing Practitioner] – Chapter 17

PA 2.5　测试环境

特 殊 目 标	辅 助 阅 读
SG 1 开发测试环境需求	[Black04] – Chapter 10 [IREB] [Robertson/Robertson] [TMapNext] – par. 8.4
SG 2 执行测试环境实施	[Black04] – Chapter 10 [Foundations of SW Testing] – par. 1.4 [TestFrame] – Chapter 8 [TMapNext] – par. 8.4 [ISTQB Advanced Syllabus] – par. 2.5

续表

特殊目标	辅助阅读
SG 3 管理和控制测试环境	[TestFrame] – Chapter 8 [TMapNext] – par. 8.4 [TMap] – Chapter 22

TMMi 3级过程域

PA 3.1 测试组织

特殊目标	辅助阅读
SG 1 建立测试组织	[Foundations of SW Testing] – par. 5.1 [RRBT] – Chapter 8 [TMapNext] – par. 8.3
SG 2 为测试专家建立测试职能	[Foundations of SW Testing] – par. 5.1 [RRBT] – Chapter 8 [TMap] – Chapter 19
SG 3 建立测试职业发展路径	[Black04] – Chapter 9 [Testing Practitioner] – Chapter 24
SG 4 确认、计划和实施测试过程改进	[IDEAL] [ISTQB Expert Syllabus] – Chapter 6
SG 5 部署组织测试过程，同时纳入经验、教训	[Black04] – Chapter 17 [Foundations of SW Testing] – par. 1.4 [IDEAL] [ISTQB Expert Syllabus] – Chapters 6 and 8 [RRBT] – Chapter 13

PA 3.2 测试培训方案

特 殊 目 标	辅 助 阅 读
SG 1 建立组织测试培训能力	[ISTQB Advanced Syllabus] – par. 10.2 [TMap] – par. 20.2
SG 2 提供测试培训	No specific supporting literature

PA 3.3 测试生命周期与集成

特 殊 目 标	辅 助 阅 读
SG 1 建立组织的测试资产	[CMMI DEV] – process areas Organizational Process Focus and Organizational Process Definition
SG 2 集成测试生命周期和开发模型	[Foundations of SW Testing] – Chapter 2 [ISTQB Advanced Syllabus] – par. 1.2
SG 3 建立主测试计划	[IEEE 829] – Chapter 8 [ISTQB Advanced Syllabus] – par. 3.2 [TMapNext] – Chapter 5

PA 3.4 非功能性测试

特 殊 目 标	辅 助 阅 读
SG 1 执行非功能性产品风险评估	[Black04] – Chapter 2 [ISO 9126-1] [ISTQB Advanced Syllabus] – par. 3.9 [RRBT] – Chapter 5

续表

特殊目标	辅助阅读
SG 2 建立非功能性测试途径	[ISTQB Advanced Syllabus] – Chapter 5 [TMap] – Chapter 12
SG 3 执行非功能性测试分析与设计	[Bath/McKay] – par. 3.2.2 and Chapters 11, 12, 13, 14, 15 and 16 [Foundations of SW Testing] – par. 1.4 [IEEE 829] – Chapters 10 and 11 [ISTQB Advanced Syllabus] – par. 2.4 and Chapter 5 [Testing Practitioner] – Chapters 15 and 16 [Testingstandards] – Non-Functional Testing
SG 4 执行非功能性测试实施	[Bath/McKay] – par. 3.2.3 [Foundations of SW Testing] – par. 1.4 [IEEE 829] – Chapter 12 [ISTQB Advanced Syllabus] – par. 2.5
SG 5 执行非功能性测试	[Bath/McKay] – par. 3.2.3 [Foundations of SW Testing] – par. 1.4 [IEEE 829] – Chapters 13 and 14 [IEEE 1044] [ISTQB Advanced Syllabus] – par. 2.5 [Testing Practitioner] – Chapter 17

PA 3.5 同行评审

特殊目标	辅助阅读
SG 1 建立同行评审的途径	[Foundations of SW Testing] – par. 3.2 [Gilb and Graham] [Testing Practitioner] – Chapters 8, 9 and 10 [IEEE 1028]

续表

特殊目标	辅助阅读
SG 2 执行同行评审	[Foundations of SW Testing] – par. 3.2 [Gilb and Graham] [Testing Practitioner] – Chapters 8, 9 and 10 [IEEE 1028]

TMMi 4 级过程域

PA 4.1 测试测量

特殊目标	辅助阅读
SG 1 使测试测量和分析活动一致	[AMI] – Chapters 3 and 4 [Burnstein] – Chapter 11 [Goal/Question/Metric] – Chapters 5 and 6 [TMapNext] – Chapter 13
SG 2 提供测试测量结果	[AMI] – Chapters 5 and 6 [Burnstein] - Chapter 11 [Goal/Question/Metric] – Chapters 7 and 8 [TMapNext] – Chapter 13

PA 4.2 产品质量评估

特殊目标	辅助阅读
SG 1 为产品质量及其优先级建立可测量的项目目标	[Burnstein] – par. 11.3 [Bath/McKay] - Chapters 11, 12, 13, 14, 15 and 16 [ISO 9126-2] [ISO 9126-3] [RRBT] – annex B [Testingstandards] – Non-Functional Testing [Trienekens/Van Veenendaal] – Chapter 2 and annex B
SG 2 量化和管理项目的产品质量目标的实际进度	[AMI] – Chapters 5 and 6 [Burnstein] – par. 11.3 [Goal/Question/Metric] – Chapters 7 and 8

PA 4.3 高级同行评审

特殊目标	辅助阅读
SG 1 协调同行评审途径与动态测试途径	[PRISMA] – par. 7.6
SG 2 通过同行评审在生命周期早期测量产品质量	[Gilb05] [Gilb08] [Testing Practitioner] – Chapter 9
SG 3 基于生命周期早期的评审结果调整测试途径	[AMI] – Chapters 5 and 6 [Goal/Question/Metric] – Chapters 7 and 8 [ISTQB Advanced Syllabus] – par. 3.9.3

TMMi 5 级过程域

PA 5.1 缺陷预防

特 殊 目 标	辅 助 阅 读
SG 1 确定缺陷的常见原因	[Burnstein] – Chapter 13 [Gilb and Graham] – Chapter 7 [Humprey] – Chapter 17 [IEEE 1044] [ISTQB Expert Syllabus] – par. 4.2
SG 2 定义并优先化措施，以系统根除缺陷的根本原因	[Burnstein] – Chapter 13 [Gilb and Graham] – Chapter 7 [Humprey] – Chapter 17 [ISTQB Expert Syllabus] – par. 4.2

PA 5.2 质量控制

特 殊 目 标	辅 助 阅 读
SG 1 建立统计控制的测试过程	[Burnstein] – par. 15.2 – 15.4 [Oakland] – Chapter 9 [Weller]
SG 2 使用统计方法来执行测试	[Burnstein] – par. 12.2 – 12.7 [Musa/Ackerman] [Musa87] [Musa93] [Walton]

PA 5.3 测试过程优化

特殊目标	辅助阅读
SG 1 选择测试过程改进	[Burnstein] par. 15.5 [IDEAL] [ISTQB Expert Syllabus] – Chapter 6
SG 2 评估新测试技术，以确定它们对测试过程的影响	[Burnstein] – 15.6 [Daich] [IDEAL]
SG 3 部署测试改进	[IDEAL] [ISTQB Expert Syllabus] – Chapters 6 and 8
SG 4 建立高质量的测试资产的复用	[Burnstein] 15.7 [Hollenbach/Frakes]

参 考 文 献

下面的列表包含了本书以附录 B 所引用的文献。

[AMI] K. Pulford, A. Kuntzmann, S. Shirlaw (1995). A quantitative approach to Software Management – The AMI handbook. Addison-Wesley.

[Bath/McKay] G. Bath, J. McKay (2008). The Software Test Engineer's Handbook. Rockynook.

[Beizer] B. Beizer (1990). Software Testing Techniques, 2nd edition. Van Nostrand Reinhold.

[Black04] R. Black (2004). Critical Testing Processes – Plan Prepare, Perform, Perfect. Addison-Wesley.

[Black09] R. Black (2009) Advanced Software Testing, Vol. 2. Guide to the ISTQB Advanced Certification as an Advanced Test Manager. Rockynook.

[Broekman/van Veenendaal] B. Broekman, E. van Veenendaal (2007). Test process improvement (in Dutch), in: Software testen in Nederland. 10 jaar TESTNET, H. van Loenhoud (red.). Academic Service.

[BS7925/2] BS 7925/2 (1997). Standard for Software Component Testing. British Computer Society Specialist Interest Group in Software Testing.

[Burnstein] I. Burnstein (2002). Practical Software Testing; A process-oriented approach. Springer.

[Cannegieter] J.J. Cannegieter (2003). Software Process Improvement (in Dutch), SDU Publishing.

[CMMI DEV] SEI (2008). CMMI for Development Version 1.2. CMU/SEI- 2006-TR-008, Software Engineering Institute.

[Copeland] L. Copeland (2003). A Practitioner's Guide to Software Test Design. Artech House Publishers.

[Daich] G. Daich, G. Price, B. Ragland, M. Dawood (1994). Software Test Technologies Report. Agust 1994. Software Technology Support Center (STSC).

[Foundations of SW Testing] D. Graham, E. van Veenendaal, I. Evans, R. Black (2008). Foundations of Software Testing (2nd edition). Cengage

Learning.

[Gelperin/Hetzel] D. Gelperin en W.C. Hetzel (1988). The growth in Software Testing, in: Communications of the ACM. 1988.

[Goal/Question/Metric] R. van Solingen, E. Berghout (1999). The Goal/Question/Metric method. McGrawHill.

[Gilb05] T. Gilb (2005), Agile Specification Quality Control: Shifting emphasis from cleanup to sampling defects. Incose.

[Gilb08] T. Gilb (2008). Rule-based Design Reviews, in: Testing Experience. June 2008.

[Gilb/Graham] T. Gilb, D. Graham (1993). Software Inspection. Addison Wesley.

[Hollenbach/Frakes] C. Hollenbach, W. Frakes (1996). Software process re-use in an industrial setting. in: Proceedings Fourth International Conference on Software Reuse. Orlando, Florida, April 1996s.

[Humprey] W.s. Humprey (1989). Managing the Software Process. Addison- Wesley.

[IDEAL] SEI (1997). IDEAL: A Users Guide for Software Process Improvement. Software Engineering Institute.

[IEEE 610] IEEE Std 610 (1990). Standard Glossary of Software Engineering Terminology. IEEE Computer Society.

[IEEE 829] IEEE Std 829 (2008) Standard For Software and System Test Documentation. IEEE Computer Society.

[IEEE 1008] IEEE Std 1008 (1987). Standard for Software Unit Testing. IEEE Computer Society.

[IEEE 1028] IEEE Std 1028 (1997). Standard for Software Review. IEEE Computer Society.

[IEEE 1044] IEEE Std 1044 (1993). Standard Classification for Software Anomalies. IEEE Computer Society.

[IREB] IREB (2009). IREB Certified Professional for Requirements Engineering Foundation Syllabus. International Requirements Engineering Board.

[ISO 9000] ISO 9000 (2005). Quality Management Systems — Fundamentals and Vocabulary. International Organization of Standardization.

[ISO 9126-1] ISO/IEC 9126-1 (2001). Software engineering — Software Product Quality — Part1: Quality Characteristics and sub-characteristics, International Organization of Standardization.

[ISO 9126-2] ISO/IEC 9126-1 (2001). Software engineering — Software Product Quality — Part2: External metrics, International Organization of Standardization.

[ISO 9126-3] ISO/IEC 9126-1 (2000). Software engineering – Software Product Quality — Part3: Internal metrics. International Organization of Standardization.

[ISTQB Advanced Syllabus] ISTQB(2007). Certified Tester, Advanced Level Syllabus. International Software Testing Qualifications Board.

[ISTQB Expert Syllabus] ISTQB(2009). Certified Tester. Expert Level Syllabus. Improving the Testing Process — Implementing Improvement and Change. International Software Testing Qualifications Board.

[ISTQB Foundation Syllabus] ISTQB(2010). Certified Tester Foundation Level Syllabus. International Software Testing Qualifications Board.

[ISTQB Glossary] E. van Veenendaal (ed.) (2010). Standard Glossary of Terms Used in Software Testing Version 2.1. International Software Testing Qualifications Board.

[ITAM] Improve Quality Services (2009). Improve TMMi

Assessment Method Version 1.2. internal document Improve Quality Services BV.

[Musa/Ackerman] J. Musa, A. Ackermann (1989). Quantifying software verification: when to stop testing, in: IEEE Software. Vol. 6. No. 3, May 1989.

[Musa87] J. Musa, A. Ackermann, K. Olomoto (1987). Software Reliability: Measurement, Prediction, and Application. McGraw-Hill.

[Musa93] J. Musa (1993). Operational Profiles in software reliability engineering, in: IEEE Software. Vol. 10. No. 3. 1993.

[Oakland] J.S. Oakland (1995). Total Quality Management—The route to improving performance. Butterworth Heinemann.

[Paulk] M.C. Paulk, C.V. Weber, B. Curtis, M.B. Chrissis (1994). The Capability Maturity Model. Addison-Wesley.

[PRISMA] E. van Veenendaal (2009). Practical Risk-Based Testing—Product RISk MAnangement: the PRISMA method. white-paper Improve Quality Services BV. May 2009.

[Robertson/Robertson] S. Robertson and J. Robertson (2006). Mastering the Requirements Process 2nd edition. Addison-Wesley.

[RRBT] I. Prinkster, B. van der Burgt, D. Janssen, E. van Veenendaal

(2006). Successful Test Management; An Integral Approach. Springer.

[Sogeti] Sogeti (2009). TPI Next – Business Driven Test Process Improvement. UTN Publishing.

[TestFrame] C. Schotanus (2008). TestFrame, An Approach to Structured Testing. Springer.

[TestGrip] R. Marselis, J. van Rooyen, C. Schotanus (2007). TestGrip — Gaining control on IT quality and processes through test policy and test organization. Logica.

[Testingstandards] www.testingstandards.co.uk — Non-Functional Testing.

[Testing Practitioner] E. van Veenendaal (2002). The Testing Practitioner. UTN Publishing.

[TMap] M. Pol, R. Teunissen, E. van Veenendaal (2002). Software Testing, A guide to the TMap Approach. Addison Wesley.

[TMapNext] T. Koomen, L. van der Aalst, B. Broekman, M. Vroon (2006). TMapNext for result driven testing. UTN Publishing.

[Trienekens/Van Veenendaal] J. Trienekens, E. van Veenendaal (1997). Software Quality from a Business Perspective — directions and advanced approaches. Kluwer Bedrijfsinformatie.

[Van Solingen] R. van Solingen (2004). Measuring the ROI of Software Process Improvement. in: IEEE Software. May/June 2004.

[Van Veenendaal] E. van Veenendaal (2008). Test Process Improvement Manifesto, in: Testing Experience. Issue 04, 2008.

[Van Veenendaal/Cannegieter] E. van Veenendaal, J.J. Cannegieter (2010). The Little TMMi (in Dutch). SDU Publishing.

[Walton] G. Walton, J. Poore, C. Trammell. Statistical testing of software based on a usage model, in: Software Practice and Experience, Vol. 25, No. 1, 1995.

[Weller] E. Weller (2000). Practical Applications of statistical process control, in: IEEE Software, Vol. 14, No. 3, 2000.

[Zandhuis] J. Zandhuis (2009). Improvement team relay, agile improvements (in Dutch). SPIder Conference October. 6th 2009.

术语表

术　语	定　义
黑盒测试	不参照组件或者系统的内部结构的测试，可以是功能性的或者非功能性的
配置管理	一个应用技术和行政指导和监督的守则，用来识别和文档化配置项的功能性和物理特性，控制这些特性的变更，记录和报告变更过程和实施状态，并验证是否遵从特定的需求[IEEE 610]
连续型形式	一个能力成熟度模型的结构，其中能力级别提供了一个在特定过程域中如何进行过程改进的顺序建议[CMMI DEV]
缺陷	组件或者系统中的瑕疵，它可以使组织或者系统不能执行它需要的功能，例如错误的语句或者数据定义。在执行中出现的一个缺陷，可能引起组件或系统的失效
动态测试	需要执行一个组件或系统的软件的测试
入口准则	进入已定义的下一项任务（如测试阶段）必须满足的一组通用和特定的条件。设立入口准则的目的是为了防止在尚未满足入口准则的情况下，启动任务而花费更多的资源或者浪费资源[Gilb and Graham]
出口准则	通过与利益相关人达成一致的一组通用和特定的条件，正式允许一个过程结束。设置出口准则的目的在于防止将没有完成的任务错误地看成已经完成。测试中使用出口准则来报告和计划什么时候可以停止测试[After Gilb and Graham]

续表

术　语	定　义
特性	由需求文档指定或规定的一个组件或系统的属性（例如可靠性、可用性或设计约束）[After IEEE 1008]
正式评估	TMMi 正式评估的结果，是对组织在多大程度上满足了 TMMi 某一级别目标的详细理解。因此可以发布一个正式的、完整的针对某个 TMMi 程度级别符合性的报告
通用目标	一个必需的模型组件，描述实施一个制度化过程所必须呈现的特性 [CMMI DEV]
通用实践	一个预期的模型组件，被认为对实现有关的通用目标来说是非常重要的。与一个通用目标有关的通用实践描述了哪些活动将被预期能够引起通用目标的实现，并有助于过程域有关过程的制度化[CMMI DEV]
更高层管理者	为过程提供政策和总体指导的人，但是其不提供对过程的直接日常监督和控制。这些人属于组织的管理层中负责中层以上过程的级别，可以（但不是一定）是高级经理[CMMI DEV]
横向可跟踪性	对一个测试与需求的跟踪，通过贯穿各层的测试文档（例如测试计划、测试设计规范、测试用例规范和测试程序规范或测试脚本）
IDEAL 模型	它是一个组织改进的模型，作为启动、计划和实施改进行动的路线图。IDEAL 模型由 5 个阶段名字英文单词首字母组合而成：启动、诊断、建立、行动和学习
非正式评估	TMMi 评估结果是一个对组织在多大程度上满足某一级别的 TMMi 目标的概要理解，因此能够定义出需改进的领域，并且（或）评价 TMMi 过程改进的进展
事件	任何发生的、需要调查的事情[After IEEE 1008]
制度化	根深蒂固的业务操作方式，组织遵从的日常规范成并成为组织文化的一部分
预测试	冒烟测试的一个特殊例子，决定组件或系统是否准备好进行详细的进一步的测试。一个预测试通常在测试执行阶段的初期进行

续表

术　语	定　义
主测试计划	通常涉及多个测试级别的测试计划
成熟度级别	通过一个预定义的过程域集合，判断在这个集合里所有的目标被实现的过程改进的程度[CMMI DEV]
测量(Measure)	通过测量为实体的属性指定的数字或类别[ISO 14598]
测量（Measurement）	为一个实体指定一个数字或类别，以描述实体的属性的过程[ISO 14598]
同行评审	由产品生产者的同事们对软件工作产品进行评审，其目的是确定缺陷和改进，例如检验、技术评审和走查
过程域	在一个领域中的一系列相关的实践，当共同实施时，满足一系列被认为对该领域改进非常重要的目标[CMMI DEV]
产品风险	一个与测试对象直接相关的风险
产品风险评估	对被测产品的分析过程，目的是使测试经理或其他利益相关人对产品大致存在的风险特性以及要测试的部分达成共识，即对这个共识进行彻底的测试[TMapNext]
质量	一个组织、系统或过程在多大程度上达到了具体的要求，以及（或）客户的需要及期望[After IEEE 610]
质量属性	影响一个条目的质量的特性或特征[IEEE 610]
质量方针	组织的高层提出的关于组织质量相关的总体的目标和方向正式表达[ISO 9000]
需求	用户解决一个问题或达到一个目标所需的条件能力，问题或目标必须通过系统或系统组件满足合同、标准、规格或其他正式的强制性文档来实现或者取得[After IEEE 610]
需求开发	获得和分析利益相关人的需要，并将这些需要转化成特定的产品需求的过程
需求管理	管理项目产品的需求和识别需求与项目计划和工作产品不一致的过程

续表

术　语	定　义
恢复准则	在停止后，测试重新开始时必须要重复的测试行为[After IEEE 829]
评审	对产品或项目状态的评估，以确定计划结果改进建议之间的差异，例如管理评审、非正式评审、技术评审、检查和走查[After IEEE 1028]
特殊目标	模型中一个必需的组件，它描述了要满足过程域必须要达到的唯一的特性[CMMI DEV]
特殊实践	一个期望的组件，在实现关联的特殊目标时被认为是重要的。特殊实践描述要达到一个过程域的特殊目标时所期望的活动[CMMI DEV]
阶段型形式	一个模型的结构。为达到一组过程域的目标而建立一个成熟度级别；每个级别为更高级别奠定基础[CMMI DEV]
静态测试	一个组件或系统在规格或实施级别不执行软件的测试，例如评审或代码分析
子实践	模型的信息组织，提供解释和实施特殊实践或通用实践的指导。有时，子实践的表述是规范的，但实际上只是为了提供对过程改进有用的想法[CMMI DEV]
暂停准则	用于（暂时）停止针对测试项的全部或部分测试活动的标准 [After IEEE 829]
测试途径	一个特定项目的测试策略的实现。它通常包括一系列做出的决定，如考虑（测试）项目的目标和进行的风险评估、关于测试过程的起点、应用的测试设计技术、退出准则和执行的测试类型等
自动化测试	使用软件来执行或支持测试活动，如测试管理、测试设计、测试执行和结果检查
测试用例	一个输入值，执行先决条件、预期结果和执行后置条件的集合，它针对特定目标或测试条件而开发，例如运行一个特定程序路径或检查与一个特定需求的遵从性[After IEEE 610]

续表

术　语	定　义
恢复准则	在停止后，测试重新开始时必须要重复的测试行为[IEEE 829]
测试条件	一个组件或系统的一个条目或者事件，它可以被一个或多个测试用例所检查，例如一个功能、并换、特性、质量属性或结构化元素
测试数据	在一个测试被执行之前存在（例如在数据库中）的数据，并为被测试的组件或系统所影响或被影响
测试设计规格	一个文档，详细说明了针对一个测试项的测试条件（覆盖的条目）、详细的测试途径和识别的相关高级别的测试用例[After IEEE 829]
测试设计技术	用于衍生和/或选择测试用例的规程
测试环境	一个环境，包括硬件、仪表、模拟器、软件工具和其他执行测试所需的支持元素[After IEEE 610]
测试估算	计算出的结果的近似值（例如工作量投入、完成日期、涉及的成本、测试用例的数量等），它即使在输入数据可能不完整、不确定或有噪声的时候也是可用的
测试执行	对一个被测试的组件或系统运行测试的过程，这一过程产生实际结果
测试执行进度	执行测试规程的一个安排。在测试规程的上下文中，按照测试规程被执行的顺序，其被包含在测试执行进度中
测试实施	开发并优先排列测试规程，创建测试数据，同时可以考虑准备测试用具并写自动化测试脚本
测试事件	任何需要调查的事件[After IEEE 1008]
测试级别	一组测试活动，它们被一起组织和管理。一个测试级别与一个项目中的职责相联系。测试水平的例子有组件测试、集成测试、系统测试和验收测试[After TMap]
测试日志	对测试执行的有关详细资料按时间先后顺序的记录[IEEE 829]

续表

术 语	定 义
测试目标	设计和执行一个测试的原因或目的
测试计划	一个文档，描述了打算的测试活动的范围、途径、资源和日程。它还识别了其他要测试的条目，包括将要测试的特性，测试任务，每个任务由谁来完成，测试人员的独立程度，测试环境，测试设计技术，以及要使用的进入和退出准则，还有选择它们的理由，各个风险所需的应急计划。它是对一个测试计划过程的记录[After IEEE 829]
计划测试	建立或更新一个测试计划的活动
测试方针	一个统领性文档，描述组织有关测试的原则、途径和主要目标
测试过程改进（TPI）	一个连续的测试过程改进框架，描述一个有效测试过程的关键要素，尤其针对系统测试和验收测试
测试规程规格	一个文档，为执行测试详细描述了一系列行动。也被称为测试脚本或手动测试脚本[After IEEE 829]
测试过程资产	与描述、实施和改进测试过程相关的工作产品。组织认为对于帮助实现过程目标有用的任何工作产品（例如方针、过程描述、支持模板和工具）
测试项目风险	管理和控制（测试）项目有关的风险，例如人员缺乏、严格的最后期限、变化的需求等
测试脚本	通常习惯于参考测试规程规格，尤其是自动化测试
测试策略	对于一个组织或计划（一个或多个项目），对要进行的测试级别和在那些级别中测试的高级别描述
测试工具	一个软件产品，支持一个或多个测试活动，比如计划和控制、详细定义、建立初步文件和数据、测试执行和测试分析[TMap]
测试	一个过程，包括所有生命周期的活动，既有静态的也有动态的，有关软件产品和相关工作产品的计划、准备和评估，以确定它们满足特定的需求，从而证明它们满足要求，同时检测缺陷

续表

术　语	定　义
TMMi 评估方法应用要求（TAMAR）	TMMi 评估过程需要遵从的一组要求。只有正式的评估，即使用评估方法的评估，其结果才能正式决定 TMMi 的级别。值得注意的是，评估方法是指基于 TAMAR 的、由 TMMi 基金会认可的方法
确认	通过检查和客观证据的提供，确认一个特定用途或应用的需求已经得到满足[ISO 9000]
验证	通过检查和客观证据的提供，确认特定需求已经得到满足[ISO 9000]
白盒测试	在对一个组件或系统的内部结构的分析的基础上的测试

商标声明

本书使用到的注册商标和服务商标有 CMM®、CMMI®、IDEAL℠、ISTQB®、PRISMA®、TMap®、TMapNEXT®、TPI®、TPINEXT®、TMM℠和 TMMi®。

CMM 和 CMMI 都注册在美国，由美国卡耐基梅隆大学在美国专利商标局注册。

IDEAL 是卡耐基梅隆大学注册的服务商标。

ISTQB 是国际测试认证委员会在比利时注册的商标。

PRISMA 是改进服务质量协会在荷兰注册的商标。

TMap、TMapNEXT、TPI 和 TPINEXT 是凯捷（Sogeti）在荷兰注册的商标。

TMM 是伊利诺伊理工大学在美国注册的商标。

TMMi 是 TMMi 基金会在爱尔兰注册的商标。

一图

从书上直接用AR方式看视频！
只需下载“卷积”应用并扫描“一图一码”
设计中的AR触发图片，立刻就能看！

一码

PRD 001

还没有考虑好下载一个新的应用？
直接用微信扫码看视频！

关注“内容市场”公众号，
浏览所有图书和订阅内容。

一站式体验

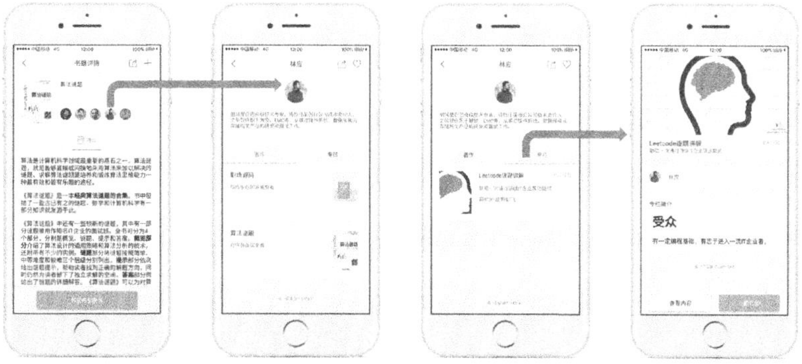

1. 浏览图书详情　2. 进入作者主页　3. 查看作者专栏　4. 订阅精彩内容